人形玩偶的奥秘：

妆容+服装+饰品+道具制作教程全解

清水baby　编著

人 民 邮 电 出 版 社
北　京

图书在版编目（CIP）数据

人形玩偶的奥秘 ：妆容＋服装＋饰品＋道具制作教程全解 / 清水baby编著. -- 北京 : 人民邮电出版社, 2018.12
ISBN 978-7-115-49466-5

Ⅰ. ①人… Ⅱ. ①清… Ⅲ. ①玩偶－服饰－制作②玩偶－道具－制作 Ⅳ. ①TS958.6

中国版本图书馆CIP数据核字(2018)第226021号

内 容 提 要

本书介绍了人形玩偶的制作过程。圈内几位经验丰富的玩偶设计师通力合作，用图示详细解析了人形玩偶的妆容、服装、饰品、道具等几个方面的制作过程，将多年的设计与制作经验分享给读者。

本书是人形玩偶制作方面的翔实而有深度的实用指南。希望读者能够享受亲手为娃制作贴心小物的乐趣。

◆ 编　　著　清水 baby
责任编辑　王雅倩
责任印制　陈　犇
◆ 人民邮电出版社出版发行　　北京市丰台区成寿寺路 11 号
邮编　100164　　电子邮件　315@ptpress.com.cn
网址　http://www.ptpress.com.cn
北京市雅迪彩色印刷有限公司印刷
◆ 开本：787×1092　1/16
印张：7.5　　2018 年 12 月第 1 版
字数：138 千字　　2018 年 12 月北京第 1 次印刷

定价：79.00 元

读者服务热线：(010)81055296　印装质量热线：(010)81055316
反盗版热线：(010)81055315
广告经营许可证：京东工商广登字 20170147 号

目录
CONTENT

CHAPTER 1

第一章

粉黛美妆

复古冷艳妆面

大家好，我是 micole，是 Amrisdoll 娃社的官方妆师。今天画一个复古妆面，会将我许多年的化妆经验分享给大家，希望能对你们今后的化妆有所帮助。

本次使用的素头是来自 Amarisdoll 的 4 分娃 Berry，肤色为粉普。

所需材料与工具

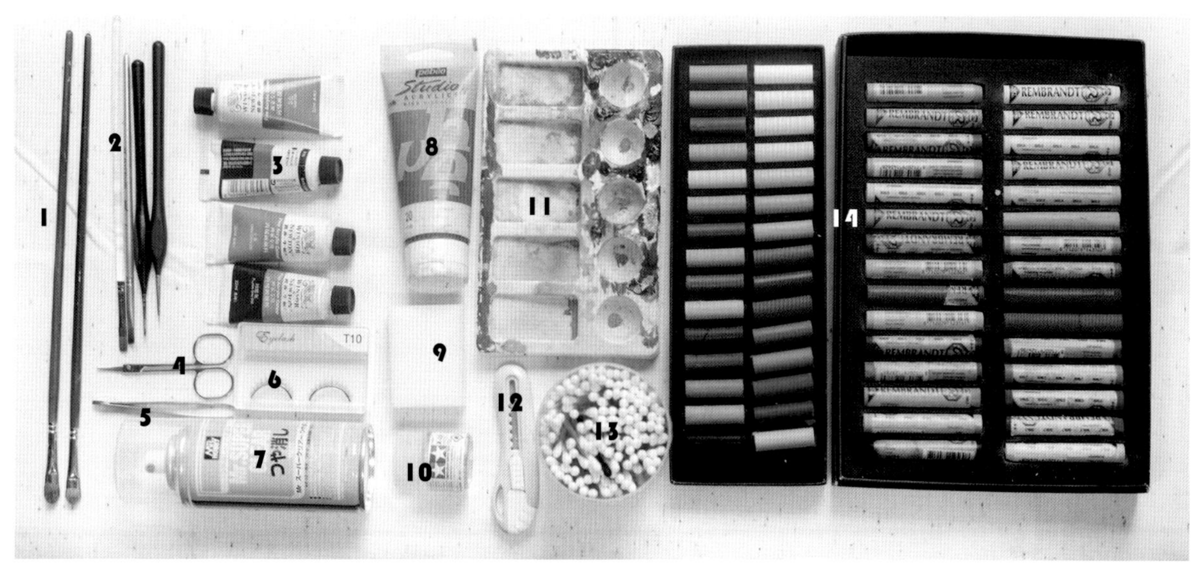

材料与工具

1. 蘸色粉的刷子
2. 画线条的笔，笔头的毛需要修剪到只剩几根
3. 温莎牛顿牌塑料管丙烯颜料，塑料管的丙烯比铜管的丙烯更容易保湿
4. 剪睫毛的剪刀
5. 拔睫毛的镊子
6. 娃用睫毛
7. 郡士抗 UV 油性消光
8. 贝碧欧红色丙烯颜料
9. 擦擦克林
10. 田宫水性光油
11. 调色盘
12. 刮色粉棒的小刀
13. 棉签
14. 伦勃朗色粉棒

制作步骤

01 开始喷第一层消光，使用郡士抗 UV 消光，可以喷得稍微厚一点。

02 选取铺第一层底色的三个色粉棒，分别为浅西红粉、橘色、永固红三种颜色。

03

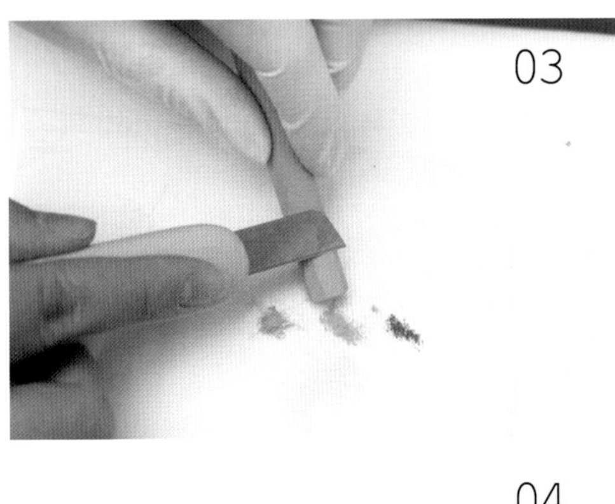

04

05

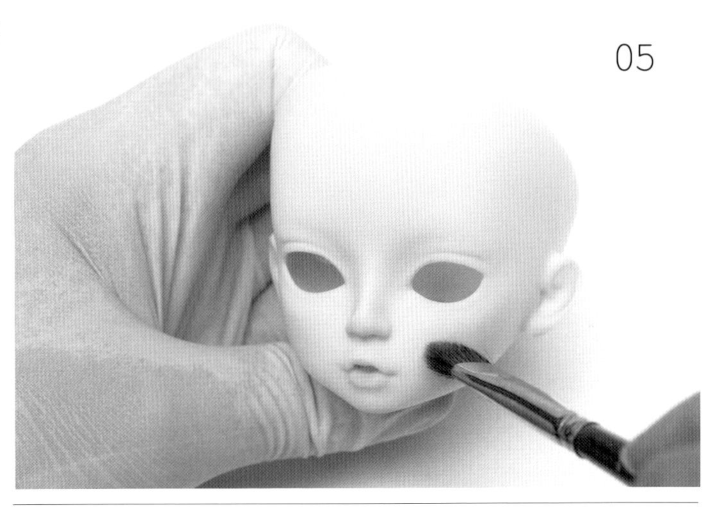

03 用小刀分别刮三个色粉棒，浅西红粉、橘色、永固红三色的比例是 2 ： 2 ： 1，调和出一个比较温和的肉粉色。

04 选择一个扁圆头的刷子，因为扁圆头的刷子晕粉方便。

05 蘸取之前调和的底色，分别刷在腮红、下巴、耳垂、眼角、鼻头和额头中间。

06

07

08

06 选择一把可以刷到细节部位的小平头刷。

07 将这把小平头刷伸进素头嘴里，将嘴内比较深的缝隙也铺上底色。

08 第一层底色铺设完成。

11

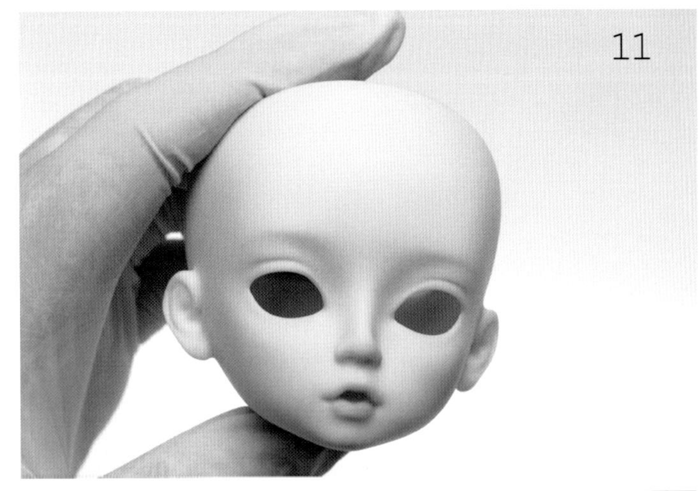

09

10

09 使用土黄色粉棒，如步骤 03 一样刮出色粉末。

10 蘸取土黄色粉末来绘制眉毛的底色。

11 眉毛底色绘制完成。

12 将土黄色粉棒和深棕色粉棒刮出 1 ： 1 的粉末并调和。

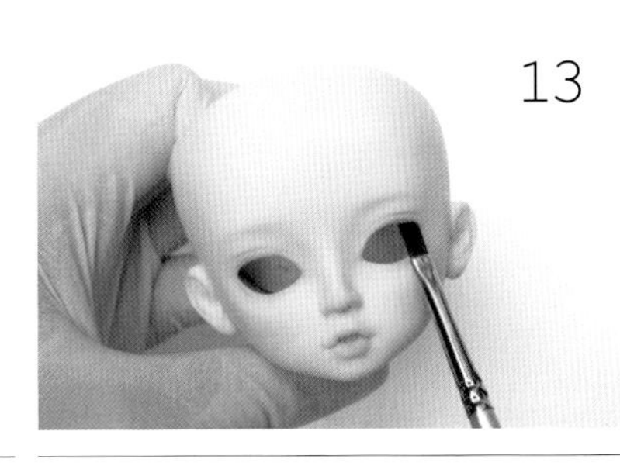

13 进行眼部打底，刷在双眼皮内和下眼眶。

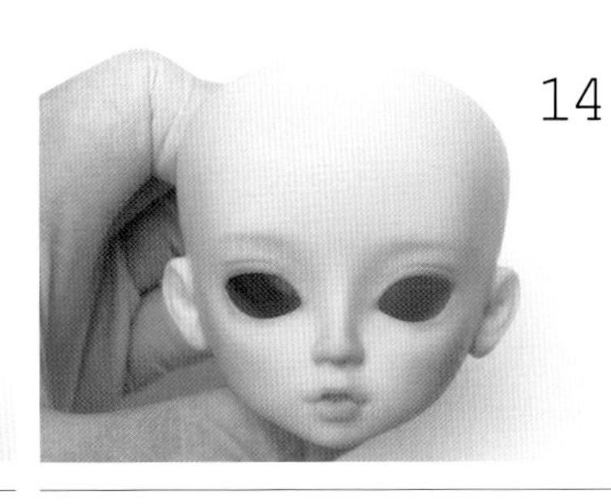

14 眉毛及眼眶底色绘制完成。

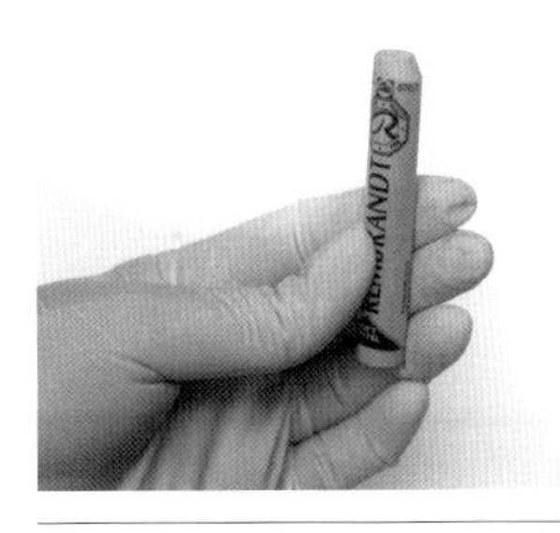

15 因为整体妆面是复古风，所以接下来使用天蓝色的色粉棒。

16 用刷底色的刷子，在餐巾纸上涂抹干净。

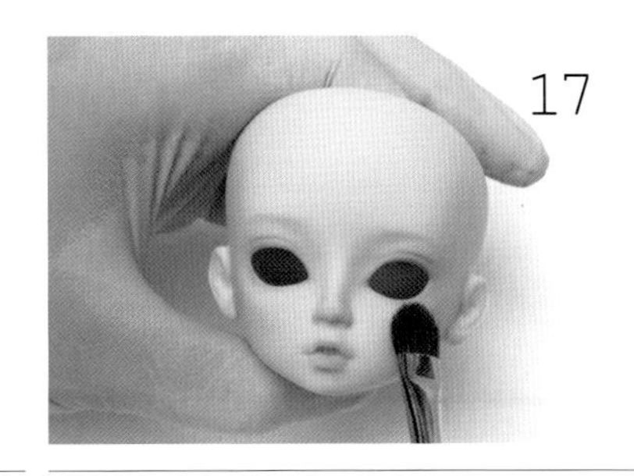

17 蘸取天蓝色的色粉末，抹在高光的位置，比如眉弓，眼尾，额头之类。

18 画完高光之后，第一层底色绘制完成。继续使用郡士抗 UV 油性消光，轻薄地喷一层来定妆，轻薄程度以喷上去就干了为标准。

19 使用温莎牛顿的金色及熟褐两个丙烯颜料调出下睫毛线条的颜色。可以稍微多加一点水，这样画起来会顺滑一些。

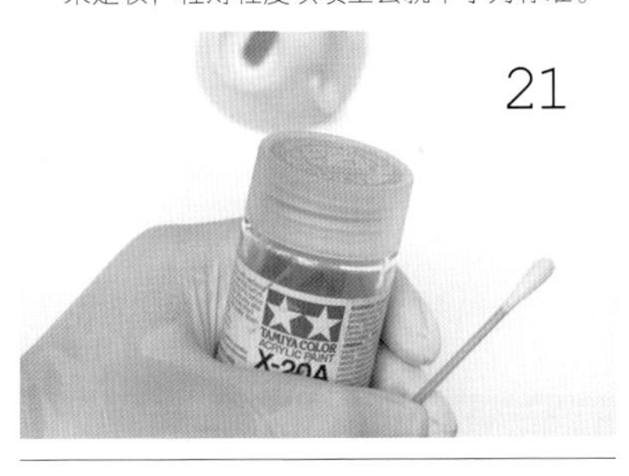

21 在画的过程中如果有需要修改的地方，可以用田宫水性稀释液将线条擦除。因为使用了油性消光来定妆，所以水性的稀释液是不会融化下面的底色的，这可是我化妆多年的干货分享哦!

22 用棉棒蘸取一点点水性稀释液，擦除不满意的地方。请注意一定要在喷过油性消光后才可以进行这一步哦。

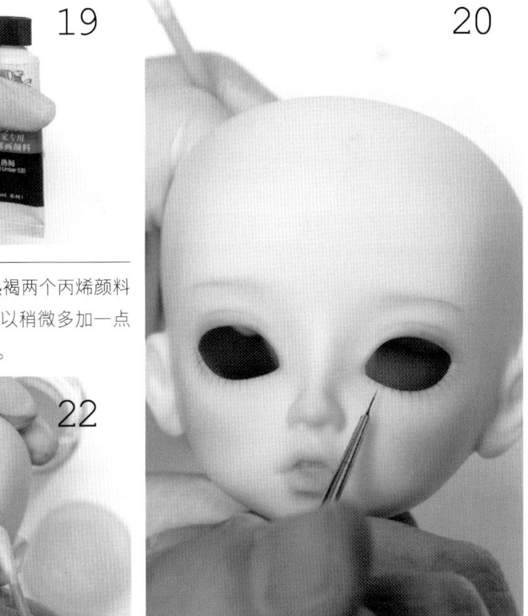

20 用修剪过的极细的勾线笔，开始画下睫毛。将下睫毛画得顺滑、笔触清晰，是需要多多练习的。如果每天都练习，大约 1 个月就可以画出漂亮的睫毛了。

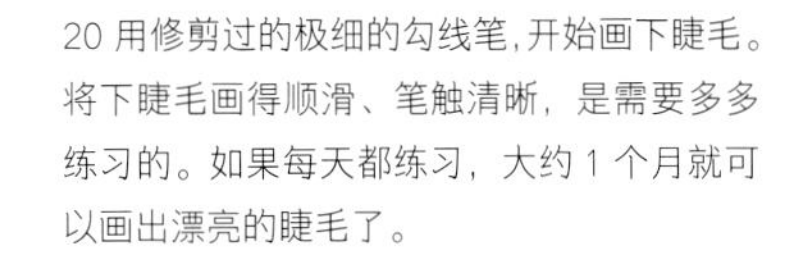

23 接着我们使用熟褐色的丙烯颜料，来画眼线。

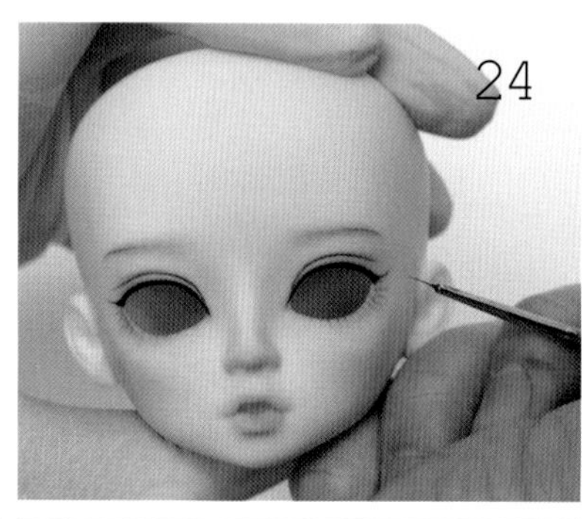

24 选择熟褐色来画眼线，是因为我想呈现一个温柔的妆面。如果喜欢眼神特别犀利的话，可以用黑色丙烯颜料来画。

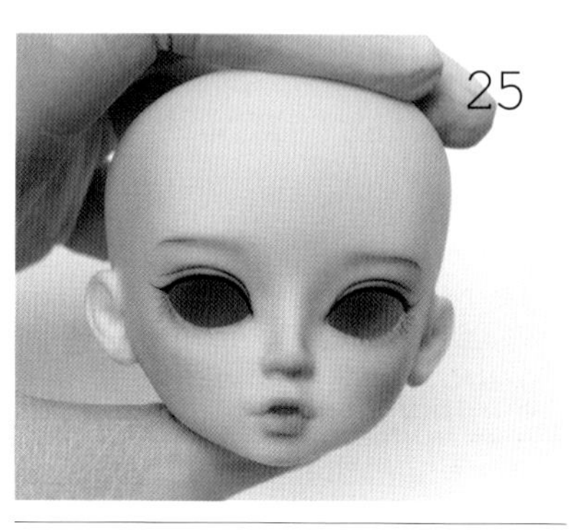

25 眼尾微微翘起，眼线绘制完成。

26 接下来用熟褐色加一些大红丙烯调和出的颜色将嘴缝里面填满，可以使嘴巴更立体。

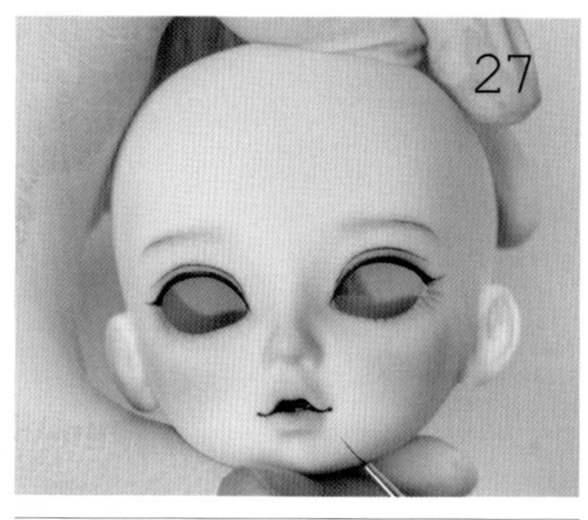

27 嘴缝的绘制需要非常小心。

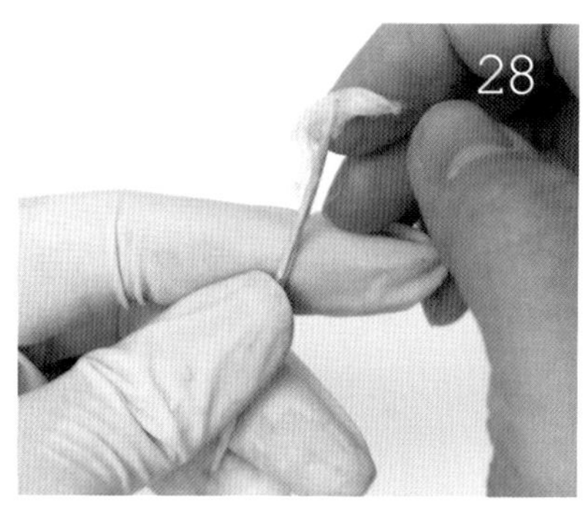

28 如果不小心将颜料沾到嘴唇上，可以将牙签缠绕一点棉花，制作成尖头棉签。蘸一点水性稀释液来擦掉不小心弄到嘴唇上的颜料。现在淘宝上也可以买到尖头的模型棉签，可以直接使用，但还是用牙签更细一点。

29 嘴缝画完了。

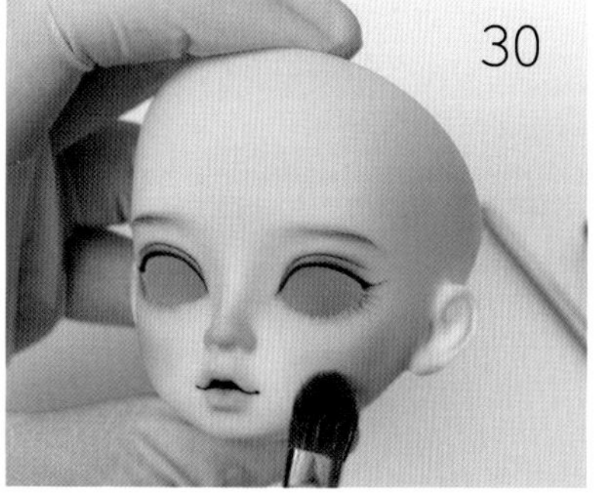

30 因为嘴缝比较深，我们要等里面的颜料充分晾干了以后才可以继续画嘴唇。所以现在我们使用之前三种颜色调和的底色来加深腮红，下巴以及鼻头的部位。

31 开始画眼妆，使用了这两只色棒来加深眼妆，由于妆面最后的效果想要呈现一个温柔的古典风格的姑娘，所以使用了偏红的棕色。

经验分享：由于每一层消光的色粉附着度是有限的，所以我们需要喷多层消光来加强色粉的附着力。

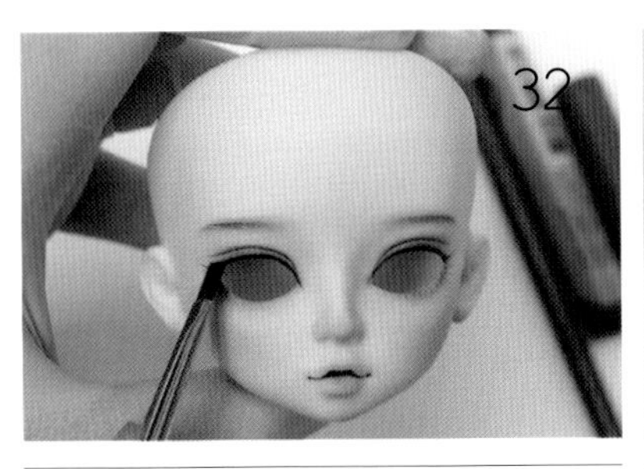

32 在双眼皮的内侧画上了比较深的棕色。

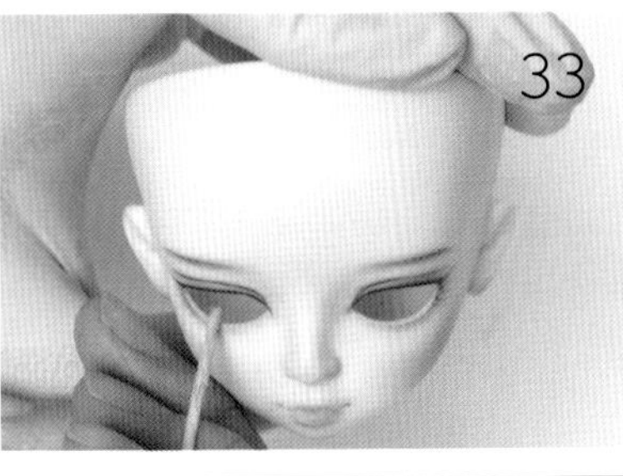

33 使用自制的尖头棉签将眼眶内里面的下眼线擦干净。

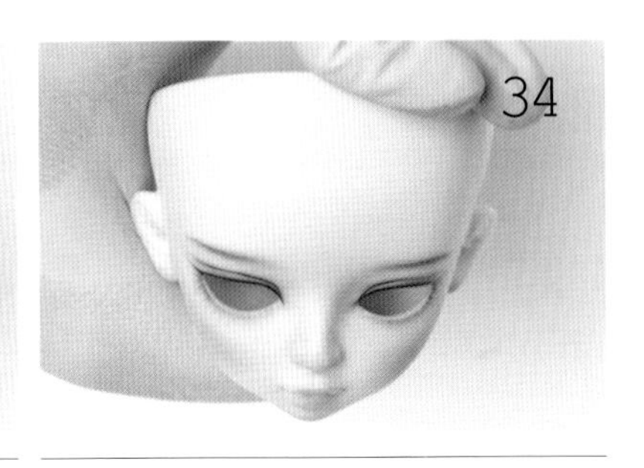

34 眼眶内擦干净了，准备画眼皮内侧。

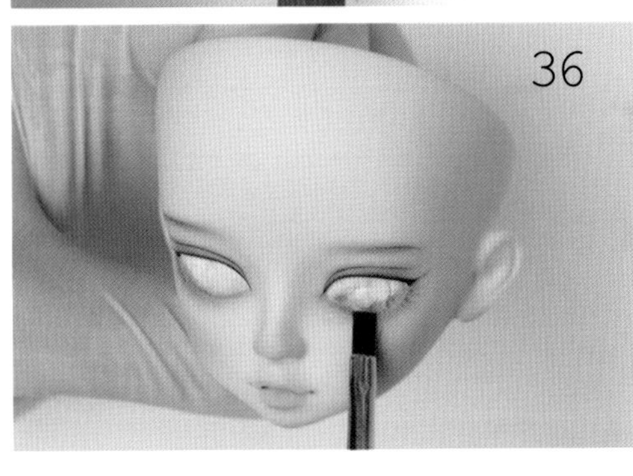

35 因为希望眼皮内侧的颜色饱和一些，所以我选了一个比较深的红色色棒。

36 画的时候在眼眶里塞一张纸巾顶住。用平头刷刷粉。

37 在之前嘴缝使用的丙烯颜料里，我再加入一点红色和较多的水，调出了一个相对透明的颜色来细化眼肉。如果不喜欢太红的话呢，这里你可以选择粉色颜料。注意眼眶内不要全部画满。尽量画在内眼眶里，细细的画一条线就足够了，眼皮内侧完成。

38 这时嘴唇内的颜料已经干了，我在嘴唇中部和内部刷上同样的红色。注意一定要干透，如果实在不能掌握这个干透的时间，宁愿等的时候长一点。

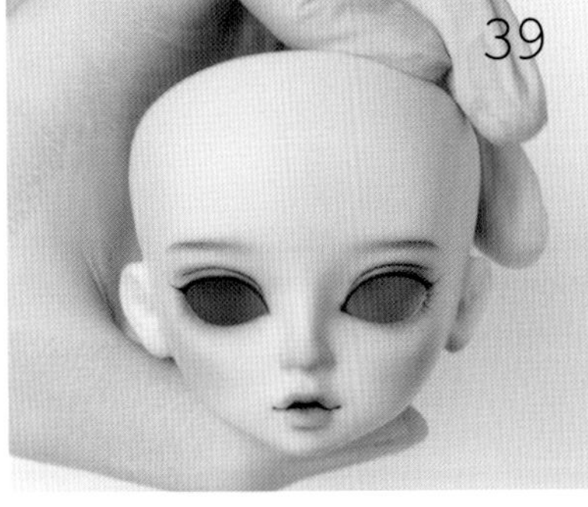

39 嘴唇加深完毕。整体检查一下妆面是否左右对称，然后喷第三层郡士抗 UV 油性消光来定妆。第三层消光也要喷得薄一点，以喷上去就干为准，定完妆后就要开始绘制最后的细节。

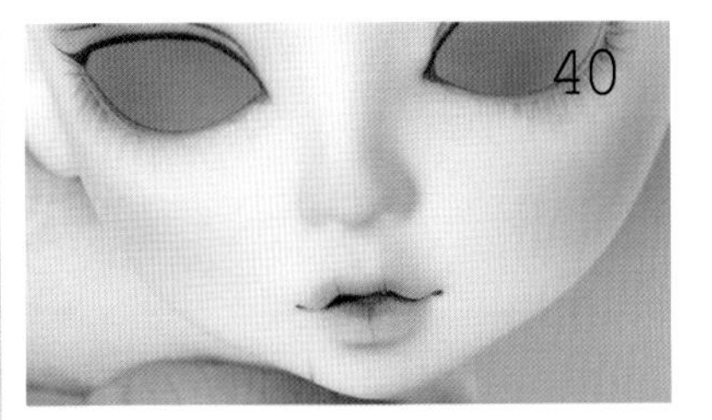

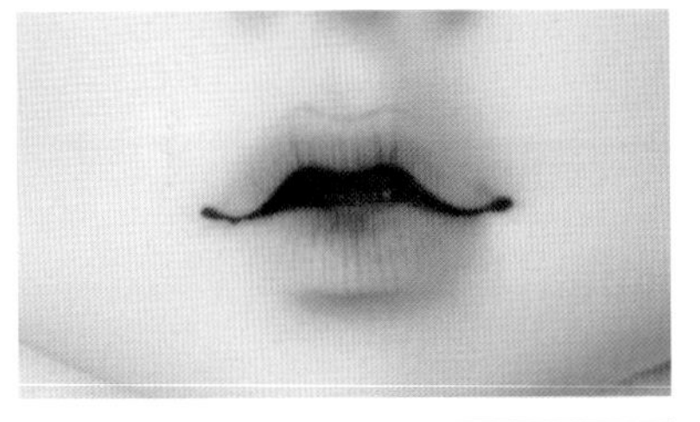

40 选大红色丙烯，加入大量的水，调出一个相对透明的颜色来画唇纹。

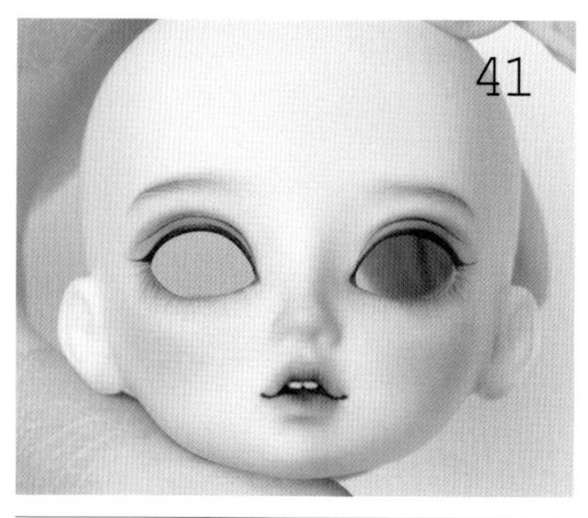

41 用深红色将嘴唇内部加深，和之前画的深色唇缝有更好的衔接。然后用白色的颜料绘制嘴里面的两颗小牙。使用笔尖蘸一点水来调和颜料，使颜料更顺滑一点。注意水不能太多，因为水多的话，颜料就会变得透明，没有覆盖力。接着再薄薄地喷一层消光定妆。

42 使用之前用过的金色丙烯，完成眼妆的最后一部。

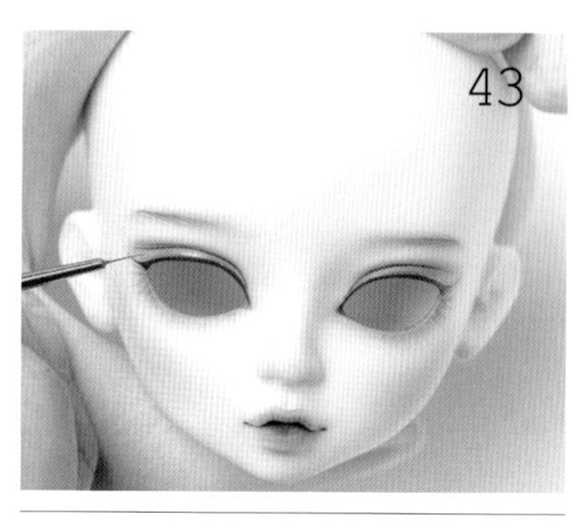

43 为了体现更古典的感觉，并且使妆面更丰富，双眼皮更立体，我用金色在眼线外圈勾了一条线，有时我会使用白色来画这一步。

44 眼妆绘制完成。

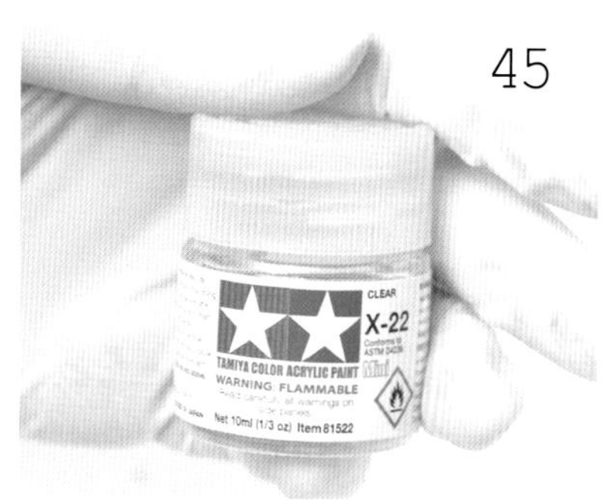

45 等完全干后使用田宫水性光油。

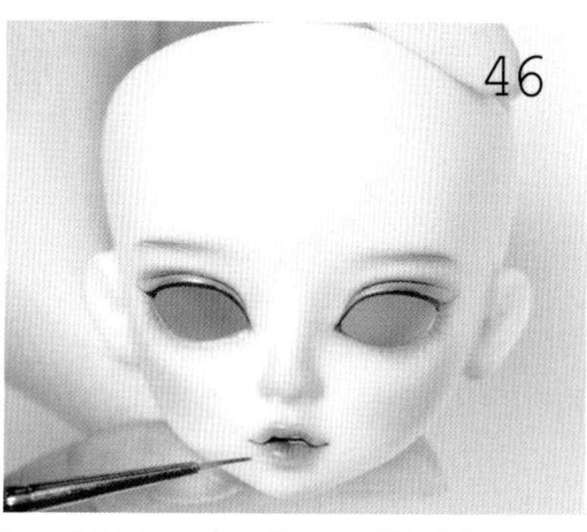

46 换一只光油专用笔开始上光油。光油毁笔，建议不要买太贵的笔。因为消光用的是油性，所以使用水性光油就不会存在将底妆弄花的问题。如果是新手，我不推荐你使用油性光油。在棕色眼线的位置和嘴唇的位置涂上光油。

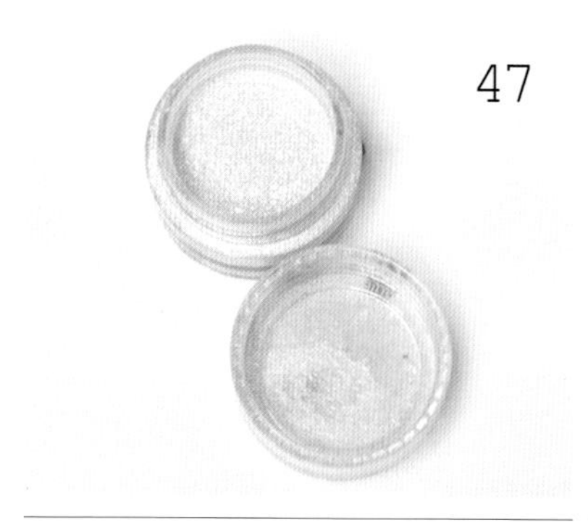

47 妆面最后使用亮粉点缀。请不要用人用眼影盘，因为眼影盘的眼影会让妆面变灰，请尽量选取粉状的亮粉。

48 最后使用大刷子蘸取散粉刷在脸上。

49 这是为了突出妆面的古典效果，如果你不喜欢亮亮的感觉，这步可以省略。

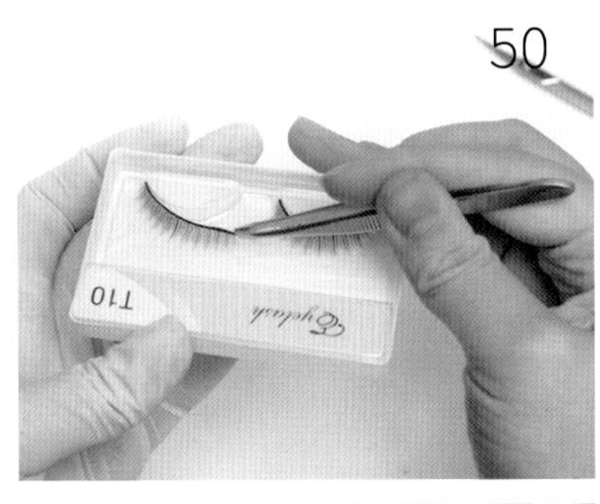
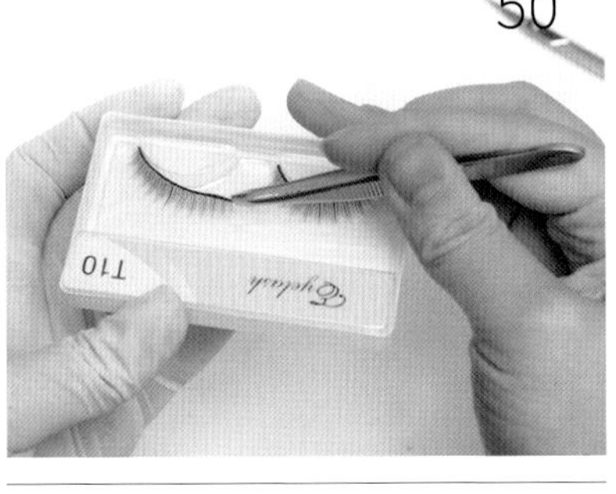

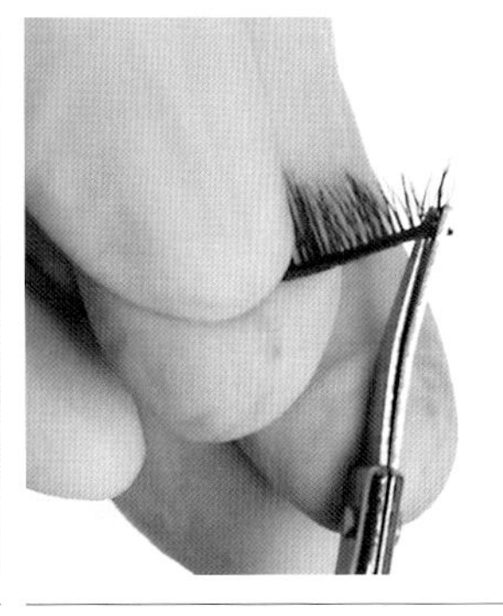

50 用镊子夹住睫毛的边，取下一根睫毛。

51 然后根据眼眶的弧度量出所需睫毛的长度。

52 将睫毛修剪。

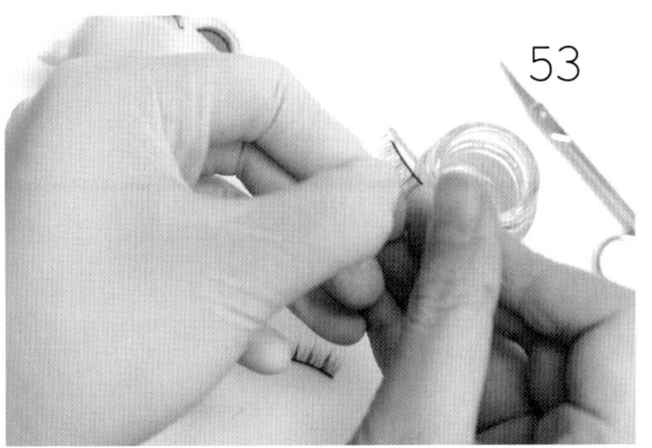

53 使用油性光油或睫毛胶水抹在睫毛的边缘。我使用的是一瓶比较旧的光油，因为光油放久了，就会变得黏稠，如果使用的是新光油的话就需要多晾一下。

54 贴睫毛的时候用镊子夹住，从眼尾往眼头贴。先贴住一端，然后用镊子将剩下的睫毛压紧在眼眶内，贴住后不要移动，不然会破坏下面的妆面。如果不想用光油贴睫毛，你也可以用其他胶水。

55 睫毛贴完，充分晾干后，这个妆面就完成了。

二次元卡通妆面

大家好，我是王恋恋，是一个喜欢二次元的女孩子，画过各式各样的二次元头。很高兴能在这里和大家分享二次元妆面的心得。本次主要使用了与丙烯或者模型漆相比更能简单上手的彩铅，希望更多人能喜欢上化妆。

素头是来自 POPMART 出品的娃娃 Viya Doll。

所需材料与工具

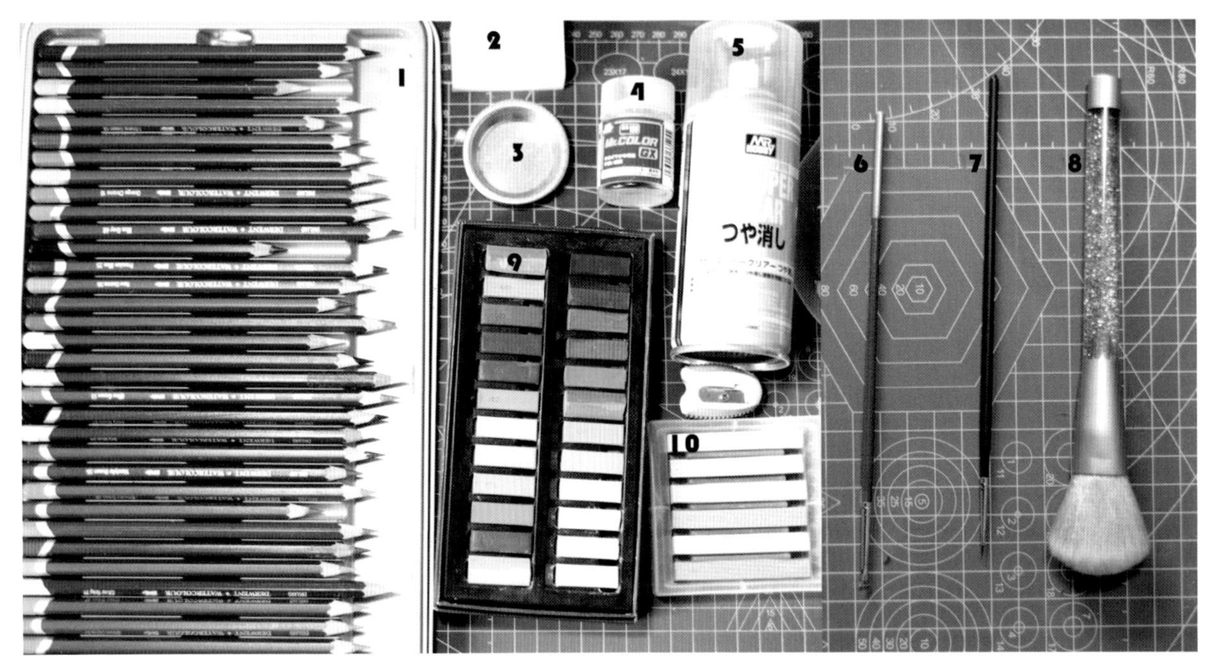

材料与工具

1. 英国 DERWENT 得韵专家级水溶彩铅
2. 擦擦克林
3. 调色铁盘
4. 郡士光油
5. 郡士消光
6. 平头笔若干，不同大小号的笔请自行准备
7. 尖头面相笔一根
8. 腮红刷一个
9 雄狮软性色粉棒
10. 樱花牌珠光色粉棒

制作步骤

01 喷第一层消光，请将消光在离娃头 20cm 左右的距离均匀喷在娃脸上。最好是无尘环境，否则容易在头上粘上小毛毛。另外一定要注意通风，10 ~ 30 分钟晾干，可以喷厚一点。

02 用浅黄色彩铅笔打底，并为眼线定位。

03. 定好位后用深棕色彩色铅笔直接覆盖，涂成棕色眼线。

04. 如果眼角处画不好的话，可以用擦擦克林轻轻擦掉。

05. 用深棕色彩色铅笔重复涂满，并将下眼线也画上。

06 继续用深棕色将嘴角点出来，通过嘴角的变化可以表达开心或者不高兴。这次我们画了笑嘴角。

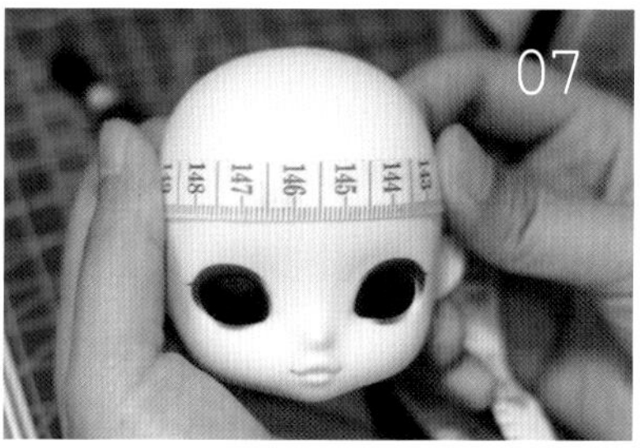

07 下面我们准备画眉毛，一般新手最大的问题就是高低眉，在这里教大家一个把眉毛画得对称的小技巧。找一个皮尺贴在头上。

08 然后用浅色铅笔将眉头眉尾点出来，共计4个点。怕大家看不清，特地用红色圈了出来。用同色系的笔将两边眉毛的点都连起来。

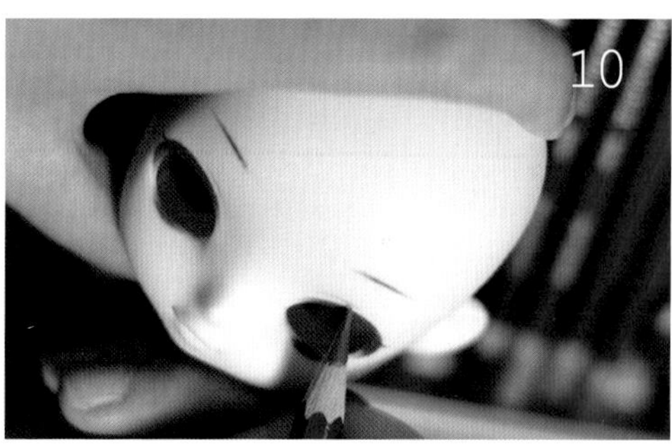

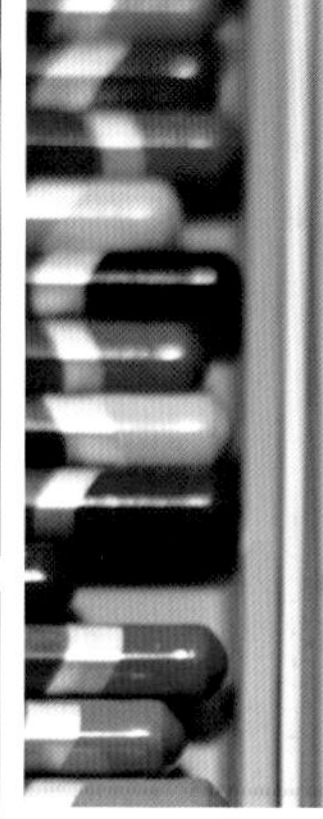

09 用和眼线一样的深棕色彩色铅笔将眉毛也勾成深棕色。

10 补上双眼皮线。

11 基本上深色线条都勾勒出来了。结束线条的勾勒后可以再喷一层消光，用以保护线条。

12 使用平刷头蘸取粉色色粉。

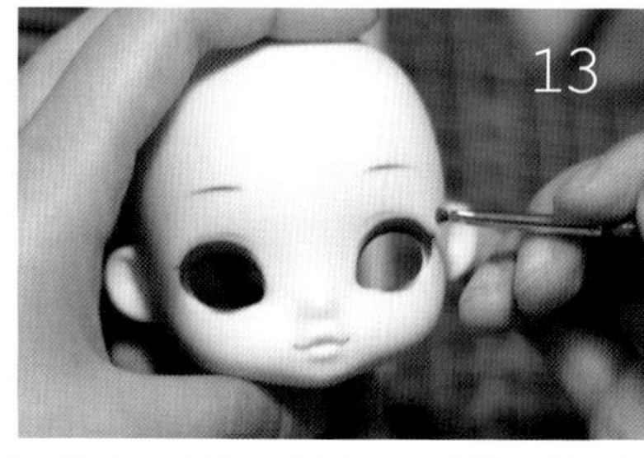

13 刷上眼影。

14 用稍深的肉红色来刷腮红和唇色。

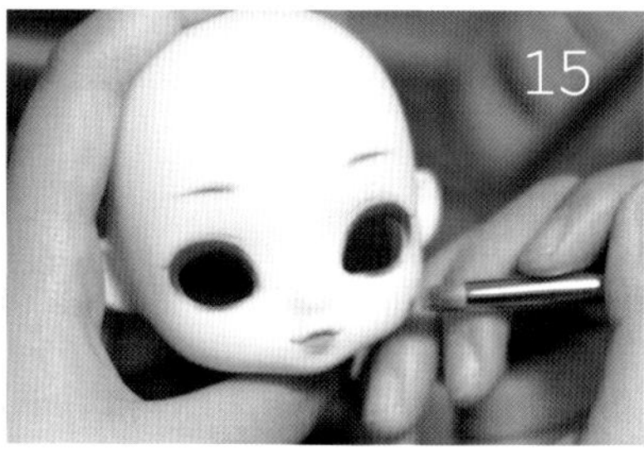

15 在脸部两颊刷上腮红，并使用平头刷将嘴唇铺上肉红色。

16 现在基本大体的样子出来了，我们再用白色彩色铅笔增加一些细节。眉毛、双眼皮和眼线均可以适当增加白色高光。

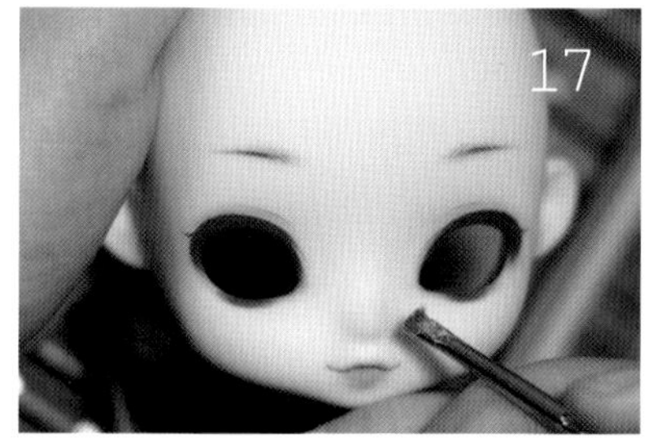

17 为了突出娃娃的可爱特点，我习惯将内眼角和鼻头也刷成可爱的粉红色。

18 最后我们用大的腮红刷，刷上闪亮亮的闪粉，我个人一般用天雅的矿物质粉。淡淡刷一层，肌肤就会很有光泽。铺完闪粉后可以继续喷一层消光来定妆。

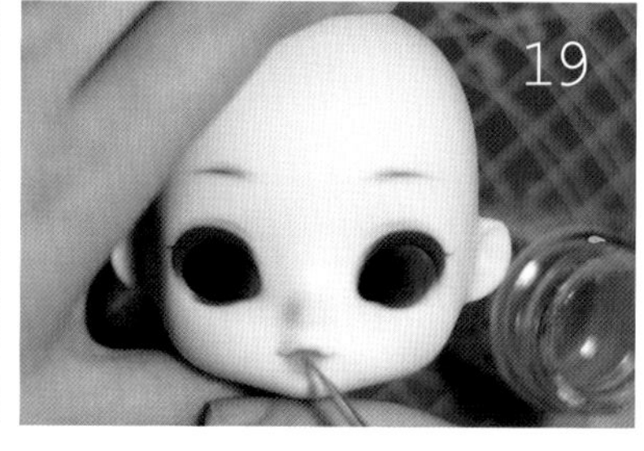

19 用面相笔蘸取光油，将嘴巴涂亮。建议将光油挑出来一部分放在铁质的调色盘里，再加一点点稀释液来稀释，会比较好涂。当然喜欢油亮油亮的效果的话，直接涂也没问题。

拍个定妆照。
这里我们只涂了一点点光油，
晾干光油就完工了！
根据光油厚度不同，建议晾3～6小时。

3 自然可爱风妆面

作者：紫霄团团
文字：清水 baby
摄影：骨头

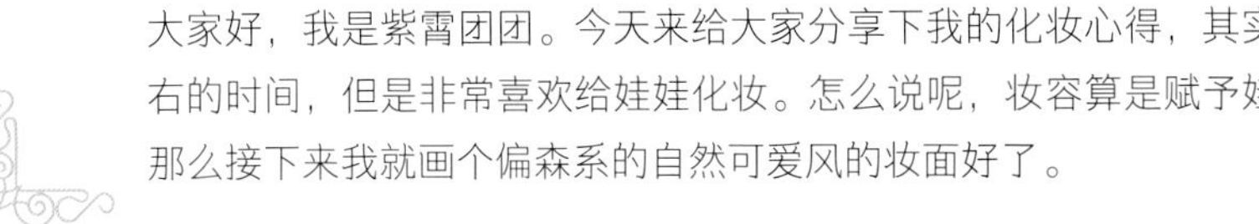

大家好，我是紫霄团团。今天来给大家分享下我的化妆心得，其实我接触化妆也就一年左右的时间，但是非常喜欢给娃娃化妆。怎么说呢，妆容算是赋予娃娃灵气的重要部分吧。那么接下来我就画个偏森系的自然可爱风的妆面好了。

素头是 Comibaby 的 6 分 Peridot，肤色为普肌。

所需材料与工具

材料与工具

本次化妆使用的东西，可能拍的不是特别全，但是基本需要的应该都拍了。樱花牌珠粉彩棒若干，丙烯颜料若干，面相平头笔刷子若干，擦擦克林，郡士的 Mr.RETARDER MILD 手涂笔痕消除剂，调色盘，郡士光油，郡士消光，眼睫毛，小镊子，棉签，以及刮刀等。

制作步骤

01 喷打底消光。消光的主要目的是防止颜料在娃体上染色，其次能让粉彩更好地着色于脸上。由于粉彩和丙烯都是水溶性的，而消光是油性的，如果有拿不准的、要修改的，可以每画完一层就喷一下。这样修改起来会比较方便。

02 用小刀将粉彩刮下来，这样比较方便混合颜色，也比较容易上色。本次会用以下这些颜色，粉色、红色、深棕色、奶油色，以及橘色、淡粉色和珠光白色混合的棕色。

03 我们先用粉红色散粉画腮红和打底。

04 用平头刷将粉彩打在额头、颧骨、下巴，来塑造可爱的感觉。用红色给嘴唇打底。

05 用红色和粉色将内眼角和下眼眶涂红，红红的眼圈有点委屈的感觉。

06 用混合的棕色将眉毛的位置和眼影底色刷出来。基本我们的定位就结束了。此时喷下第二层消光。

07 纯黑色可能会有点呆板，为了打造自然的感觉，我选择熟褐和黑色画眼线。如果觉得笔痕有点严重，可以加少量的水。

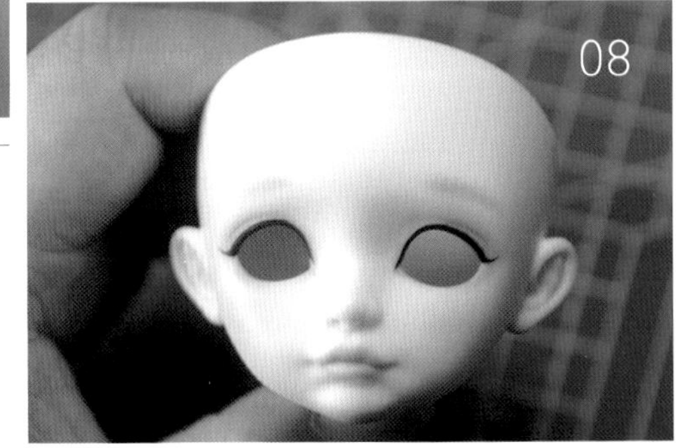

08 刚画好时，如果需要修改，可以直接用棉签蘸水擦掉。

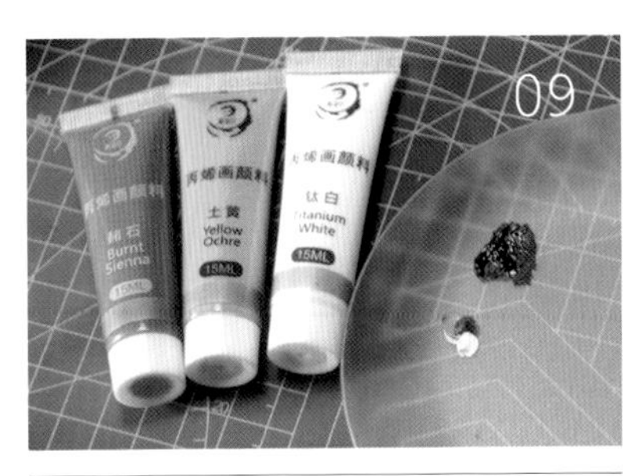

09 用赭石、土黄和钛白画眉毛以及眼线。

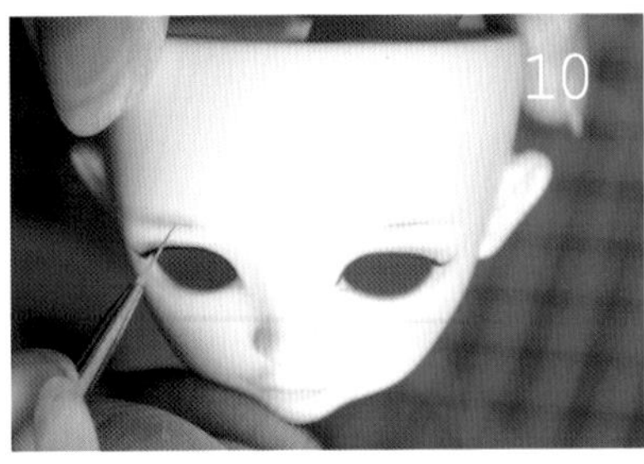

10 先将眉毛中心线画出来。

11 先将左侧眉毛画好，这样之后大家比较好对比。绘制右边眉毛时，可以顺着画好的中心线从眉头画第二条线。

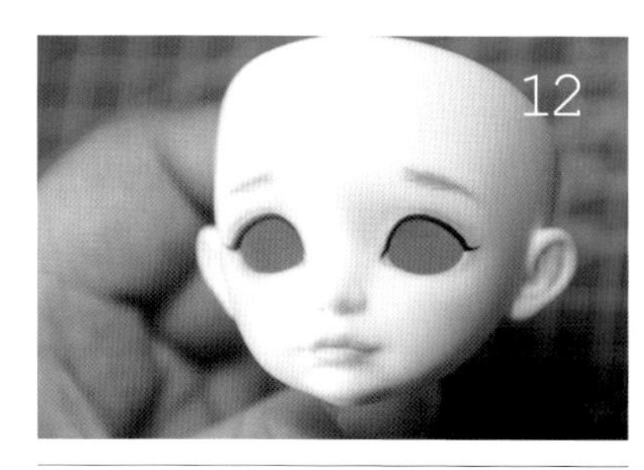

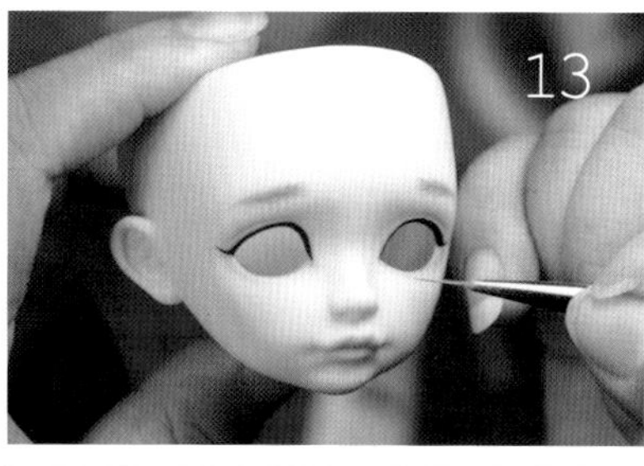

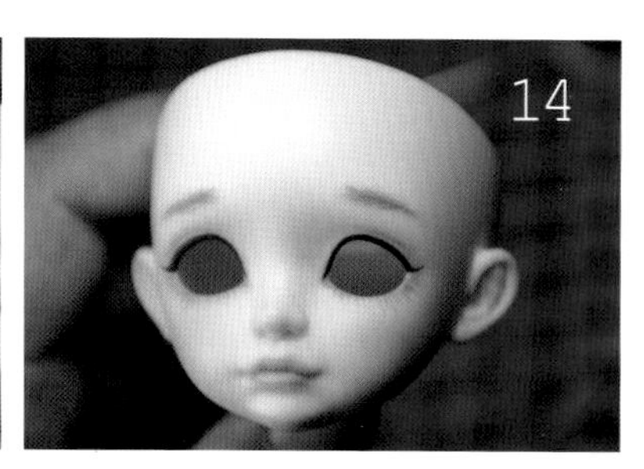

12 然后顺着中心线上面画一笔，下面画一笔，这种画法会画得比较对称。画到眼尾，这样眉毛就画好了。

13 选用的下睫毛的颜色和眉毛一样。一笔一笔以放射状的形式画就好了。如果你想问手抖或者画得不对称怎么办，这种问题在刚开始画得时候都是经常的事情。练习的过程没有捷径，找个水煮蛋一直练习就好了。

14 下睫毛绘制完成的样子。

15 分别用熟褐和深红色画眼线和唇线。

16 画好眼线和唇线之后，此时此刻我们的小可爱就基本画好了，可以在色彩上作微调，让整体更协调。

17 增加了眉毛的阴影，加重了腮红和唇彩，在眼影上也扫了点粉红色。然后为了突显森系、自然、可爱的样子，我又给她加了个小红鼻头。之后喷消光，定妆。

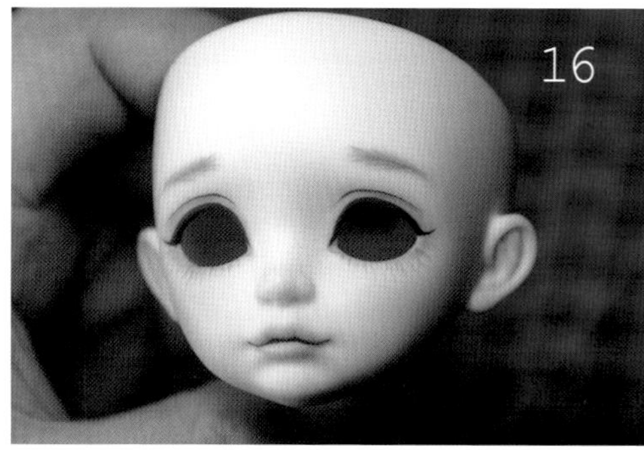

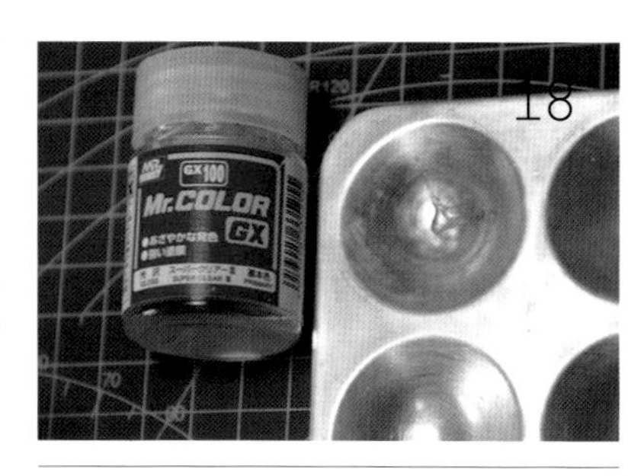

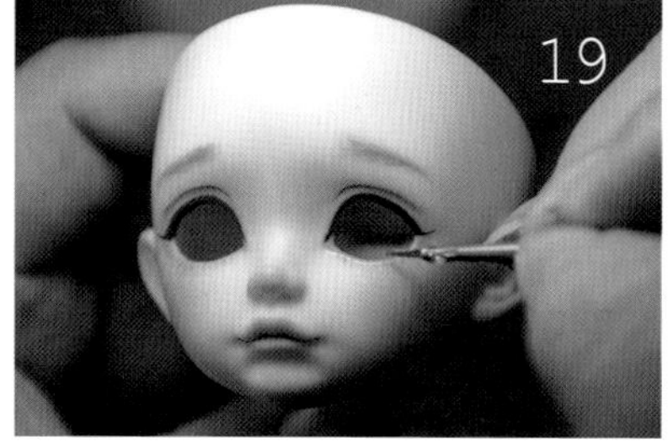

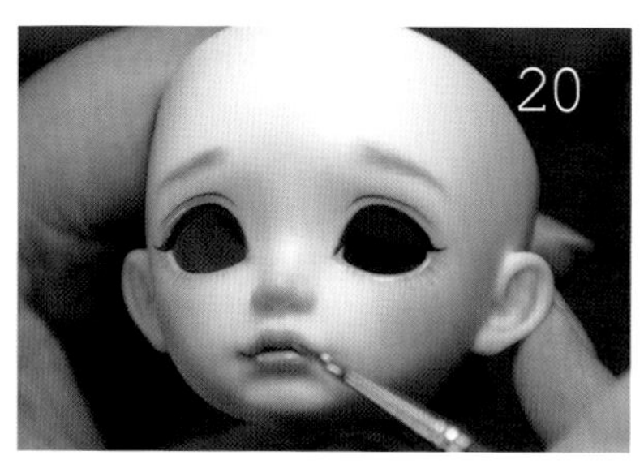

18 上光油，如果觉得不好涂开，可以加一点笔痕消除剂。

19 美少女水润闪亮的眼睛是必不可少的一部分。所以我们先用面相笔蘸取光油，将下眼眶和上眼眶涂亮。

20 再把嘴巴均匀地涂好，晾干。

21 开始贴假睫毛。

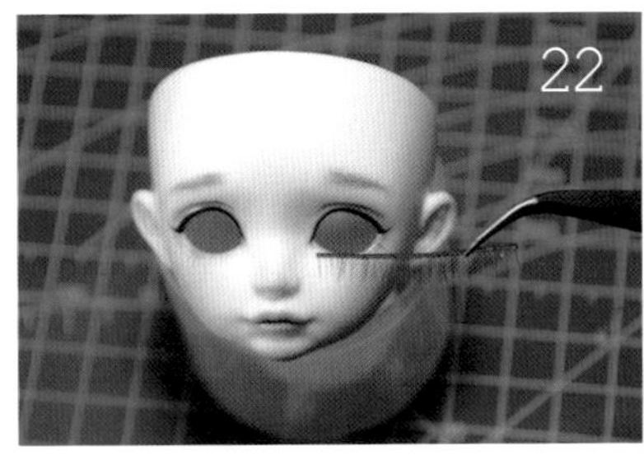

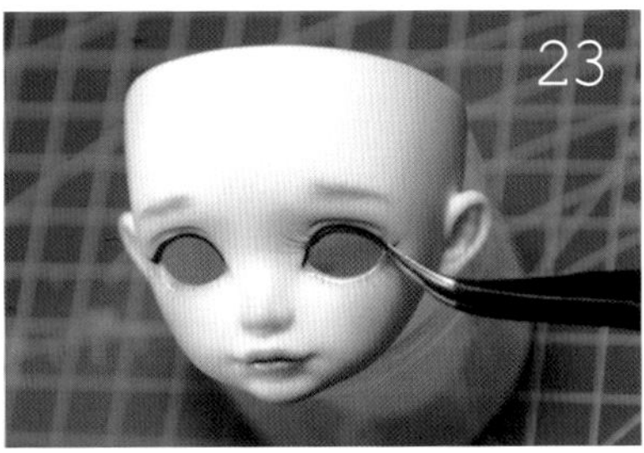

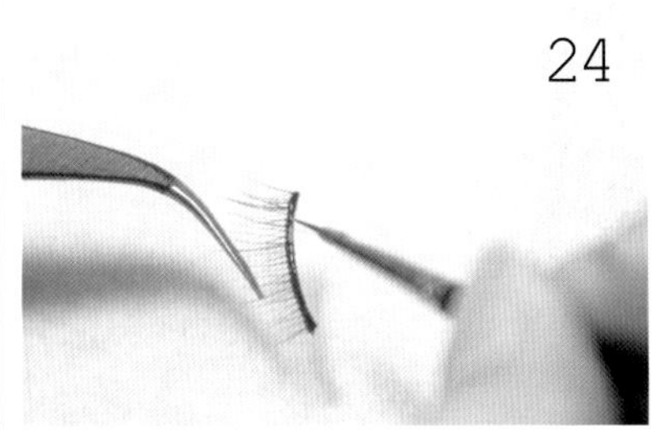

22 将人用整段的假睫毛放在眼睛上，对比一下长度，然后剪开。

23 将梗弯软，这样会比较贴合。

24 用镊子加着前端，涂好光油，贴到眼眶上就大功告成了。

完工了！

CHAPTER 2

第二章

云鬓秀发

马海毛假发制作

作者：大槑　摄影：清水 baby

所需材料与工具

材料与工具

白乳胶，我用的是进口的白乳胶，其实和普通乳胶区别不大；适量马海毛发，这里只展示了一小部分；刷乳胶的笔；油画板，千万不要揭掉表面的塑料纸哦。

制作步骤

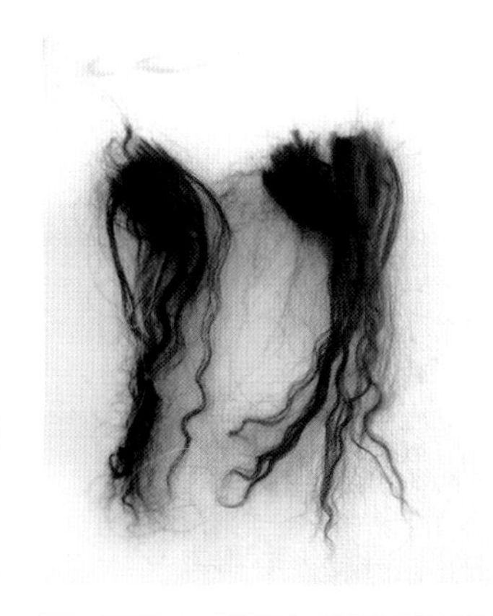

01

01 在板子上涂上白乳胶，然后用笔刷刷匀。把头发分成一小缕一小缕的。

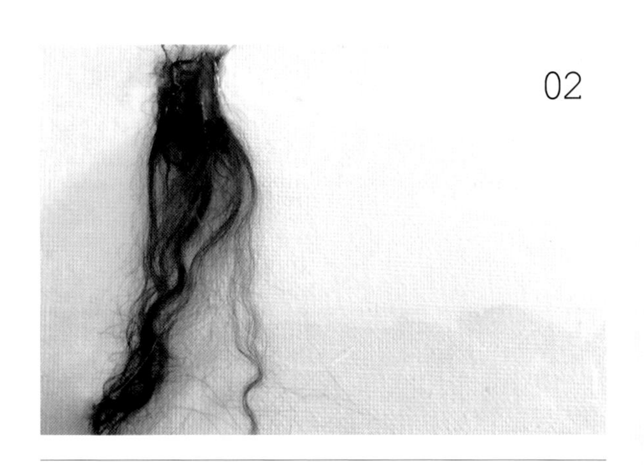

02

02 然后把马海毛放上去，继续刷白乳胶。

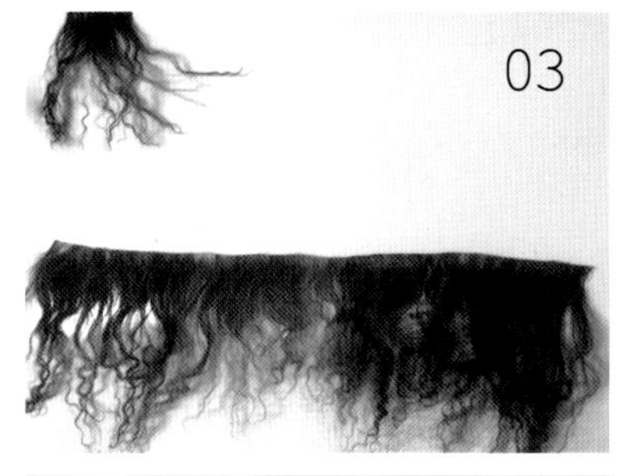

03 横向贴马海毛。

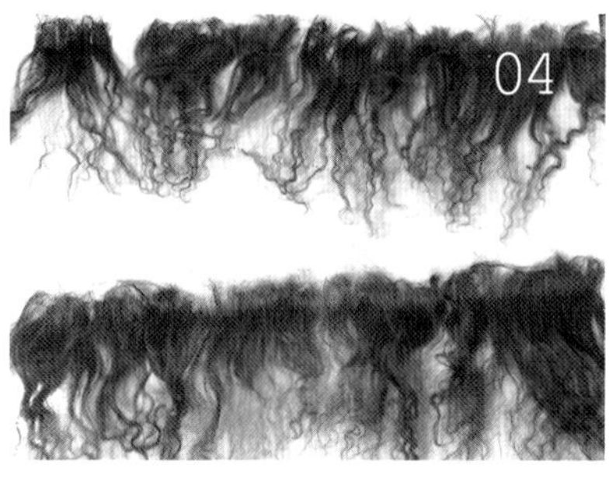

04 然后无线循环，一直贴，就变成图中的样子，准备足够多的量即可。

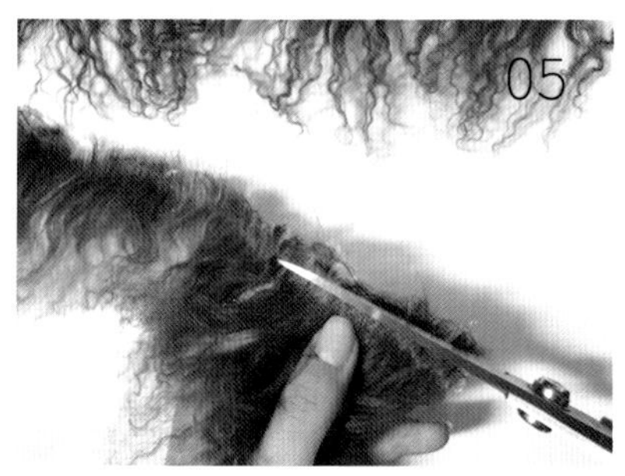

05 等白乳胶干透后，将发片撕下来，用剪刀剪齐，备用。

06 准备一个胶头套，或者用布面自己做个发网，也可以。

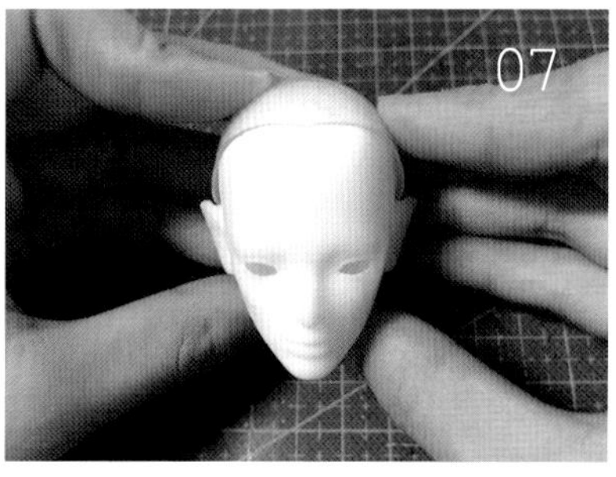

07 切出合适的大小，并空出耳朵的位置。

08 将头套戴在娃娃头上，在头套上按需求画出要贴头发的位置。

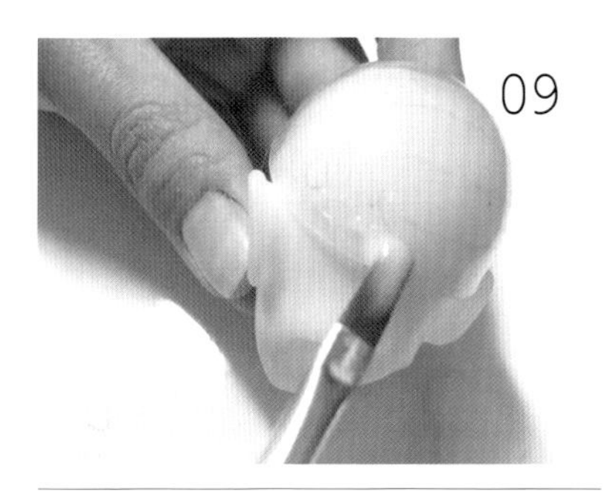

09 按所画痕迹，在头套上涂上白乳胶。

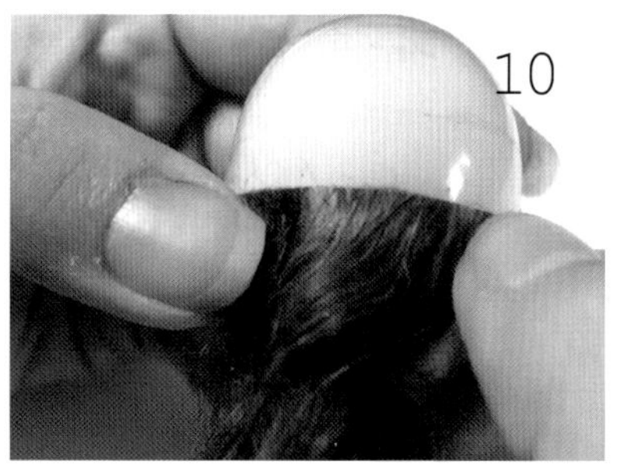

10 然后将剪好的头发按画好的线贴上去。

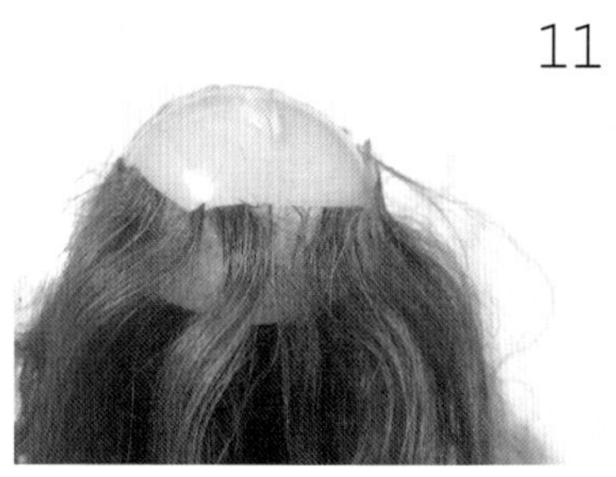

11 按所画痕迹贴一层发片。

12 一定要按之前设计好的线依次贴发片。

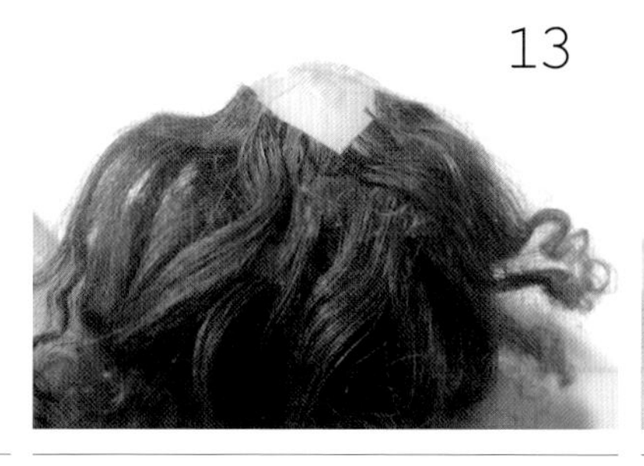

13 从后往前贴。

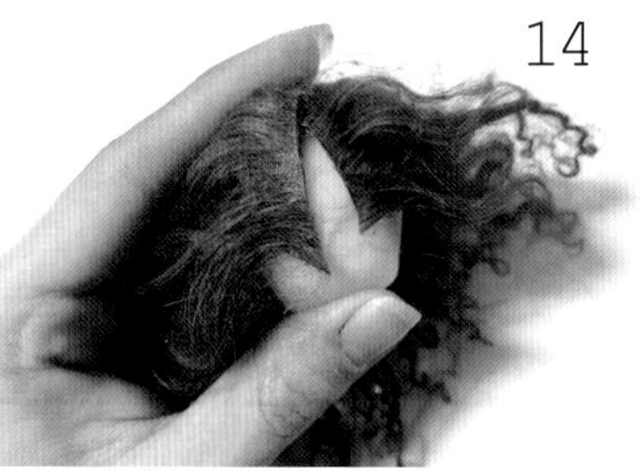

14 贴到中间最后两层需要特别仔细。

15 这次做的是中分的发型，所以在贴到中间时候记住左边的头发要向右边贴，右边的头发向左边贴。然后翻过来，就是中分的样子了。要贴一下，按一下。

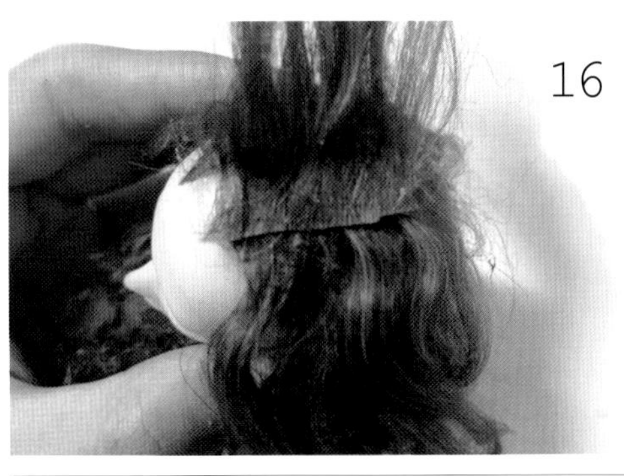

16 最后两片发片一定要左右贴。

17 将最后一片翻过来，压下去，就是中分的发型。

18 记得压平等干哦。

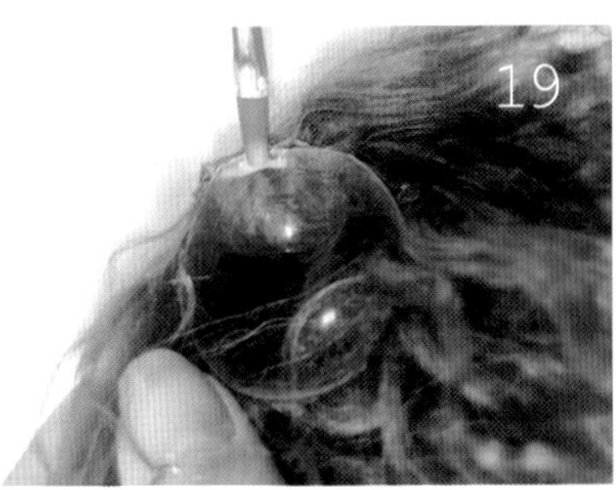

19 为了自然，可以在发套内侧贴一片发片。

20 涂一层白乳胶之后，贴发片。

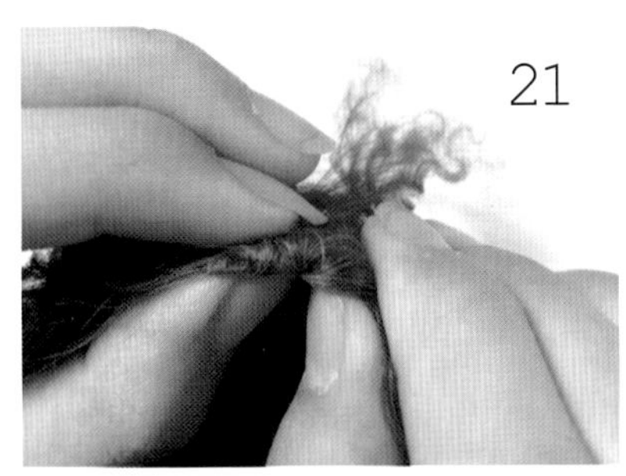

21 反向折上去。

22 用夹子夹住，定型。

23 用卷发棒卷出刘海和弧度。如果是高温丝，温度不要超过 120℃；非人造毛发不要超过 160℃，不然会烟掉。

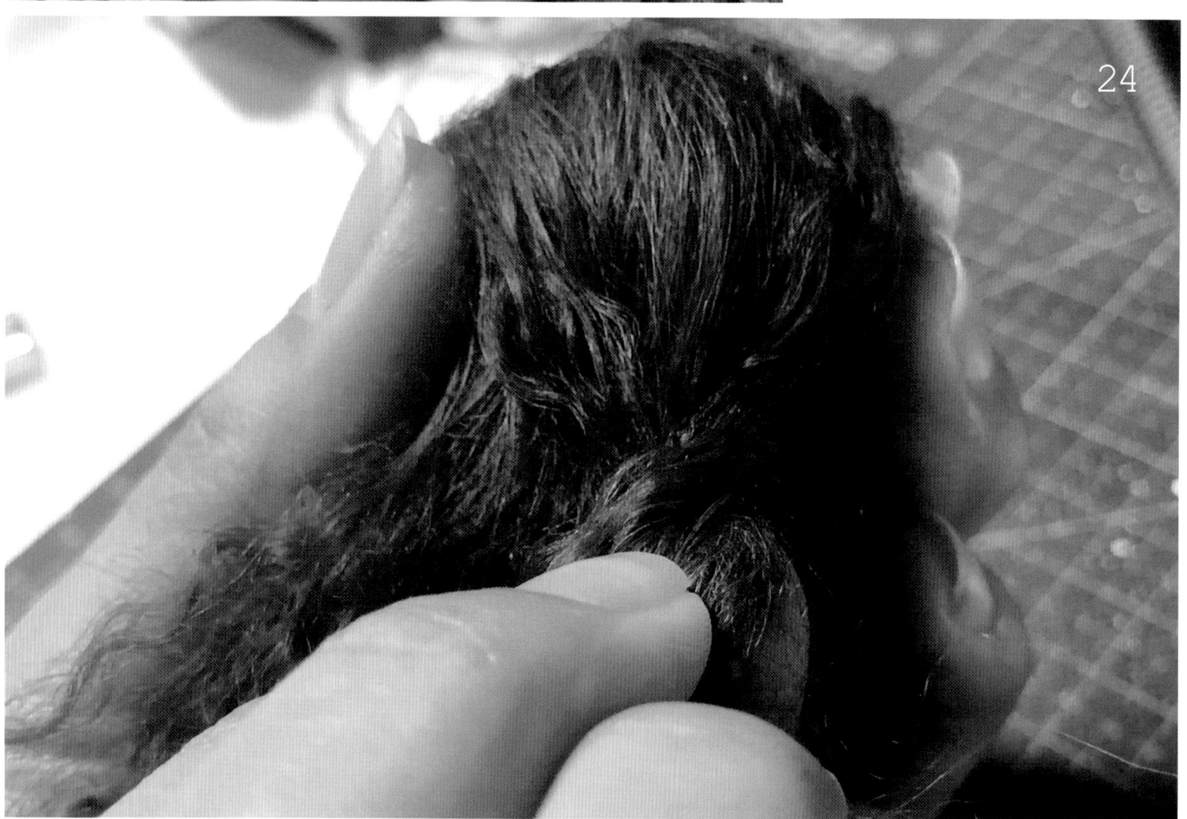

24 做完后觉得两边有点炸，用侧面头发绑一下。夹个发卡，最后用发网兜住，定型，等干。

本案例中的娃娃是 Bouclette-Coco ver 2.0。

2 空气公主风编发

女孩子总是喜欢美的，我自己平时也喜欢给自己的孩子编编头发，换换风格。研究了很多编发，在这里教大家些简单的编发方法，希望大家喜欢。

所需材料与工具

材料与工具

假发、假发撑、假发护理液、定型喷雾、梳子、皮筋。如果没有假发撑，可用娃娃替代。记得戴塑料袋，来保护面妆。

制作步骤

01 先给假发喷一些假发护理液，让它顺滑，不毛躁。

02 从脑袋顶挑出一绺头发，在中间定位。

03 将一缕分成三缕。

04 将最左侧的头发压住中间的，将最右侧的头发压住左侧的。

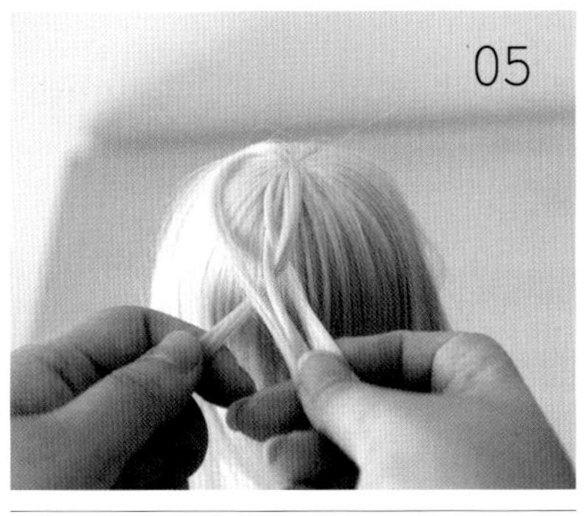

05 从头的左侧再挑出一缕和最开始分开的三缕差不多粗的头发，然后将它和最开始中间的那缕并成一缕。

06 将最一开始最左边那缕，现在最右侧的一缕，压到合并的两缕上并从右边对称挑出一缕合并。

07 现在轮到编最右侧的一缕了，将它压在刚合并的两缕上，并继续从左边挑出一缕与之合并。

08 重复之前的过程，将最开始中间的一缕压刚才合并的那缕。并对称从右侧挑出一缕，合并成为新的一缕。

09 重复之前的过程，过程中有毛躁的小碎发，就用假发护理液喷一喷。

10 如果是直发，就可以一直编到最后的，不过本次用了卷发棒，后面的头发有点毛躁，所以我们就编到这里吧，用透明皮筋绑好。此时，注意调整上面几缕挑发，来保持编发的对称。

11 系好后的样子。

12 为了让编发更好看，在左侧编一个麻花辫。编法和之前的一样。

13 将右侧头发按同样方法编好。

14 将编好后的发辫系在中间，喷上定型喷雾，再绑上个漂亮的蝴蝶结。

完工了！

CHAPTER 3
第三章
仙女裙装

幻境古典洋装

我是个什么都喜欢做的人，除了假发以外，我也经常做一些自己喜欢的衣服来贩售。现在分享给大家的也是我目前在售的一个基础款洋装。在这个款式的基础上，可以衍生出很多不同的款式，希望你们喜欢。

作者：大森
文字 / 摄影：清水 baby

幻境古典洋装纸型图（巨婴尺寸）（纸型图尺寸与实物尺寸的比例是 1 ：1）

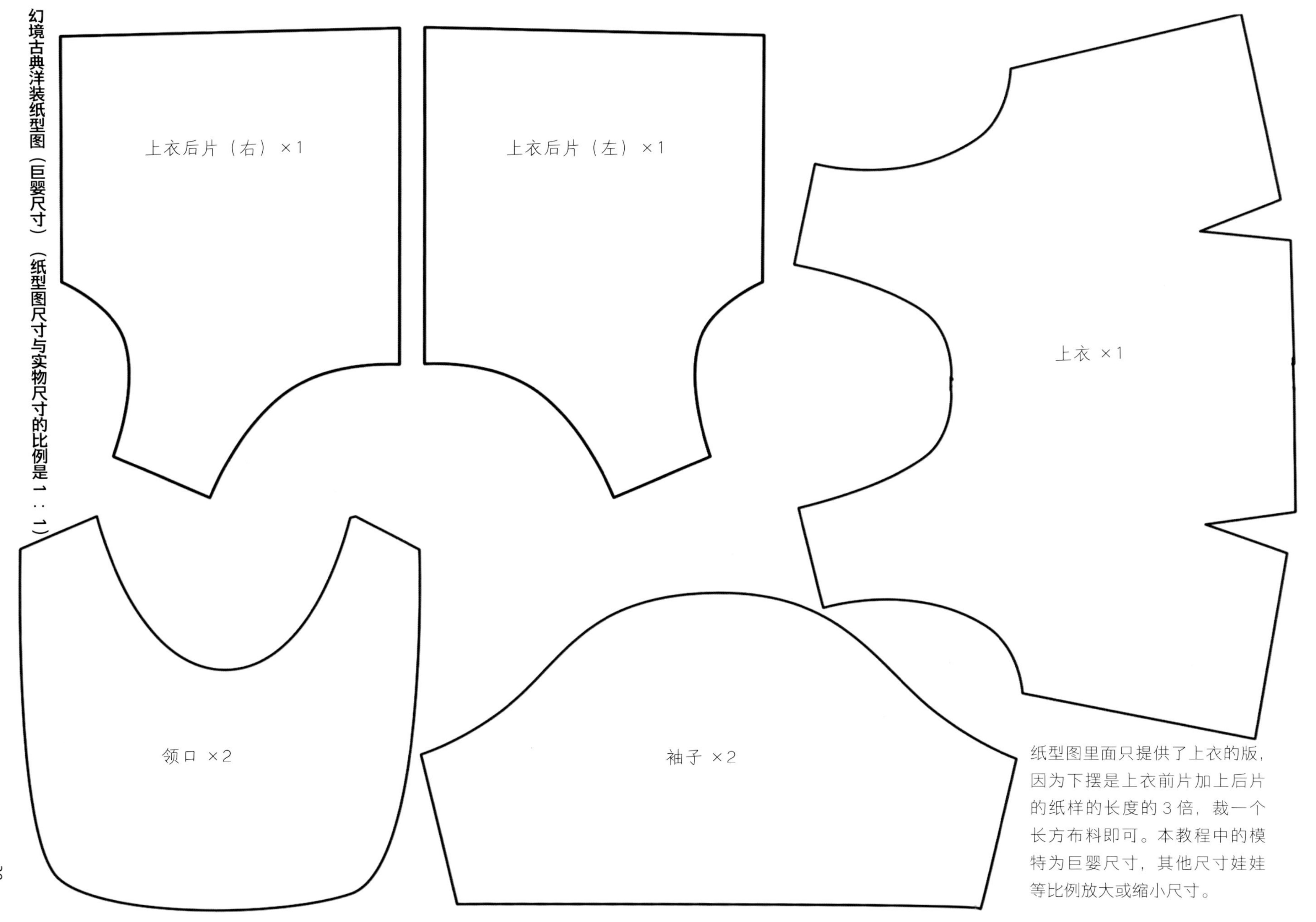

纸型图里面只提供了上衣的版，因为下摆是上衣前片加上后片的纸样的长度的 3 倍，裁一个长方布料即可。本教程中的模特为巨婴尺寸，其他尺寸娃娃等比例放大或缩小尺寸。

所需材料与工具

材料　　各种布、蕾丝、丝带和纸板等。

制作步骤

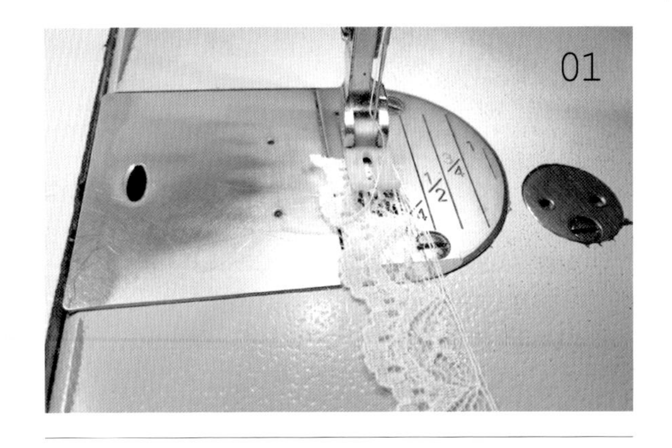

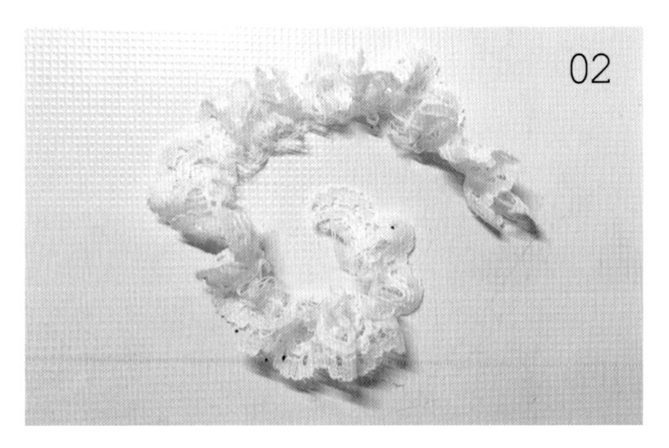

01 先将领口蕾丝抽褶，因为使用的蕾丝比较短，用手抽褶的方式即可，通过拽底线来调整褶皱的大小和密度。蕾丝的长度为所需长度的 1.5 ~ 2 倍。

02 抽好后的蕾丝。

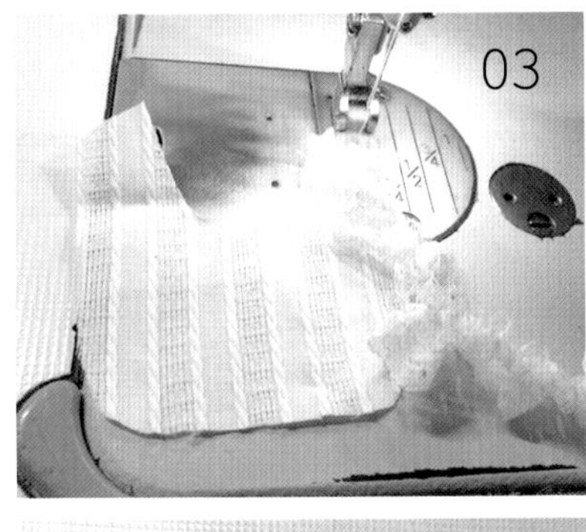
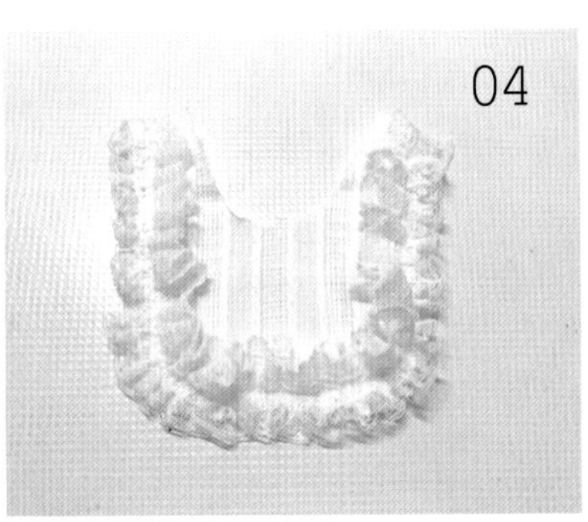
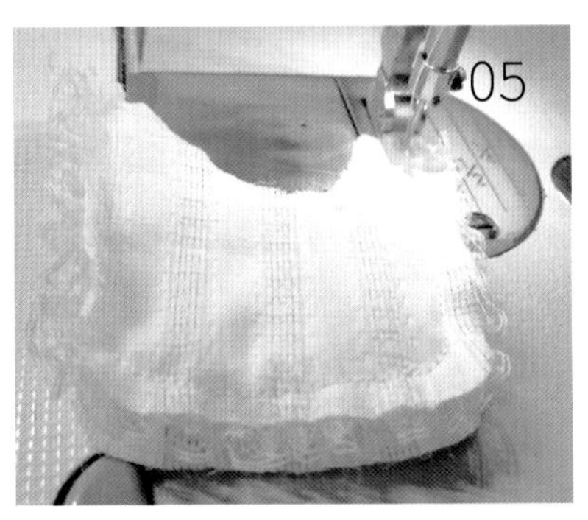
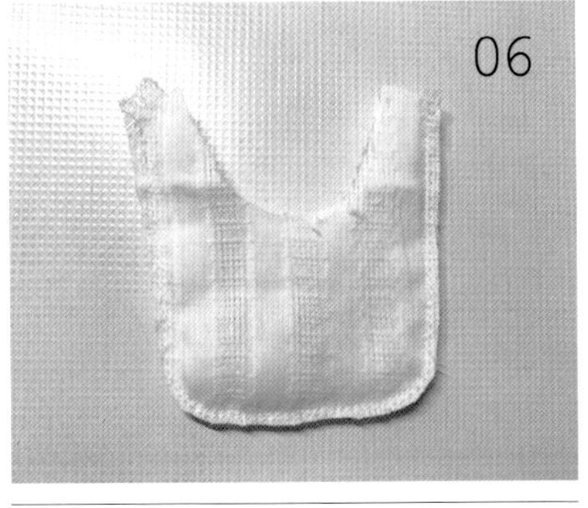
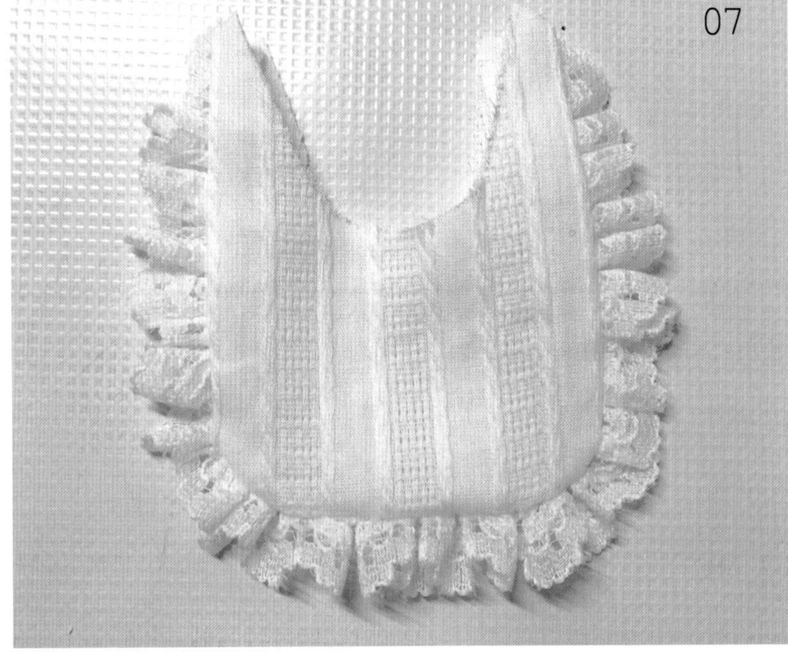

03 将蕾丝沿着领口缝合，注意这个部分布料需要是正面。

04 缝合好的样子。

05 将领口第二片面对蕾丝缝合。

06 缝合后，将蕾丝翻过来。

07 翻过来之后，蕾丝就比较整齐地缝在里面了。

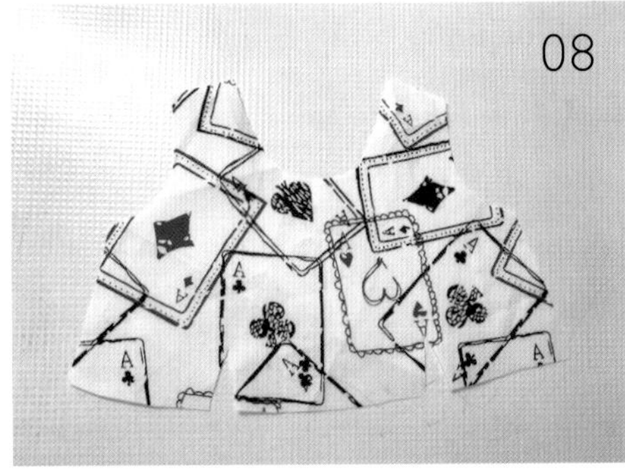
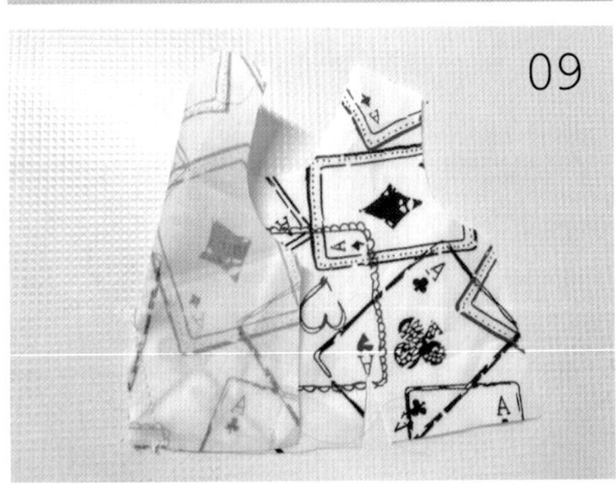

08 现在开始缝合上身的部分，先将下面两个腰缝缝合。

09 可将左侧布料叠起来，缝合即可。

10 右侧缝合和左侧一样。

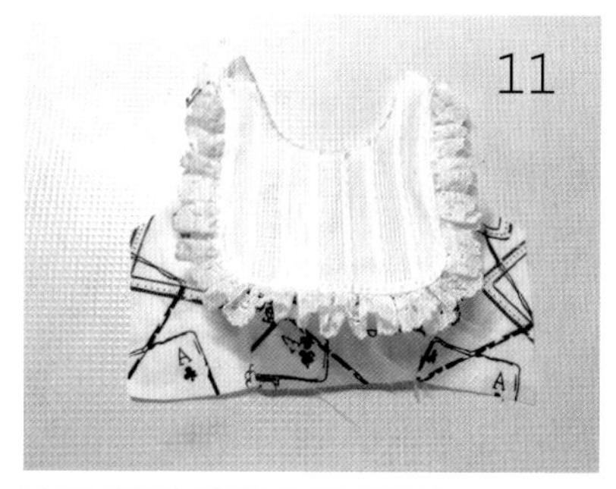

11 将刚才做好的领口缝合在上衣上。

12 再将后片肩部和前片缝合，注意布料的正反面。

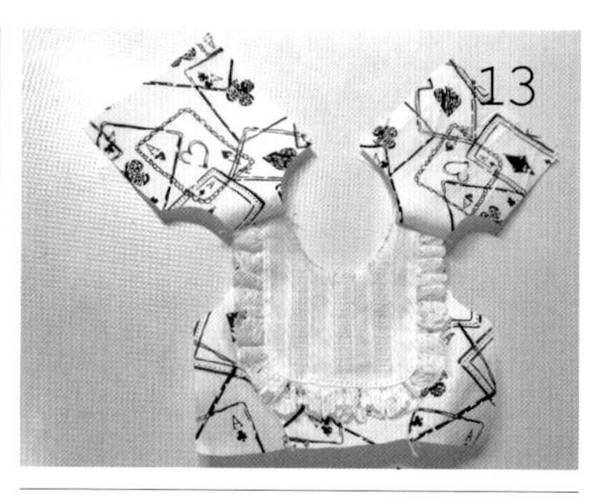

13 缝好的样子。放在旁边备用。

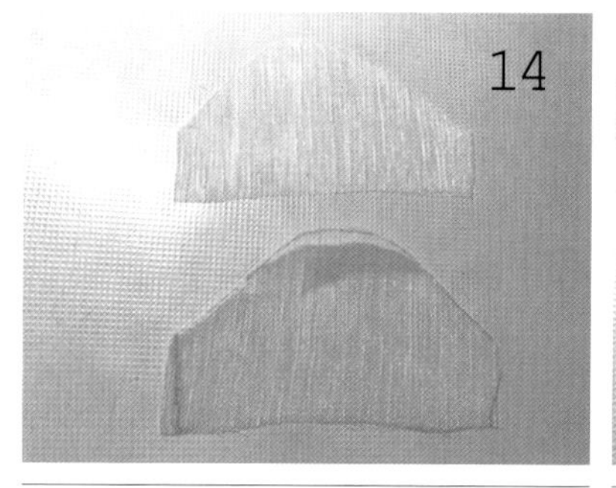

14 现在开始缝袖子。

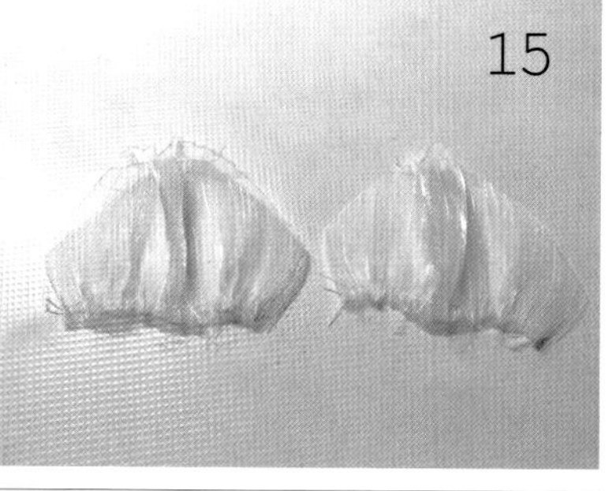

15 因为想要一个可爱的泡泡袖，于是在上下两部分稍稍抽一点褶皱。

16 袖口对折缝合。

17 将缝合好的袖口和袖子下摆放在一起，缝合。

18 图左是缝上的样子，翻下缝线就被隐藏在里面了。袖口就做好了。

19 将袖子正面对上衣正面，缝合在上衣上。

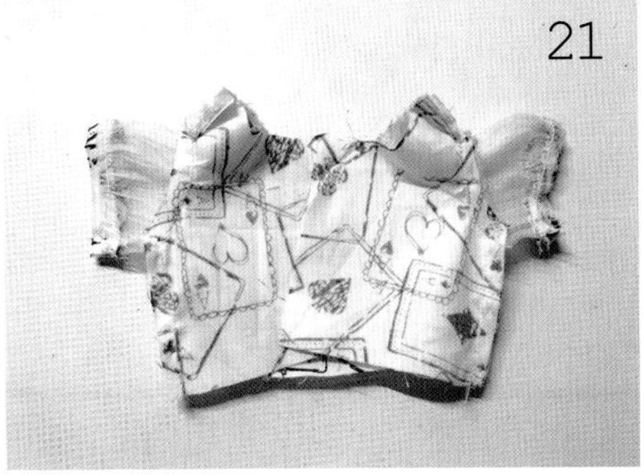

20 然后再将袖子和衣服侧面进行缝合。

21 两边都缝合好的样子。

22 正面的样子。

23 上衣的最后的步骤，将领口向内折边、缝合，领口圆滑的过渡是考验技术的部分！

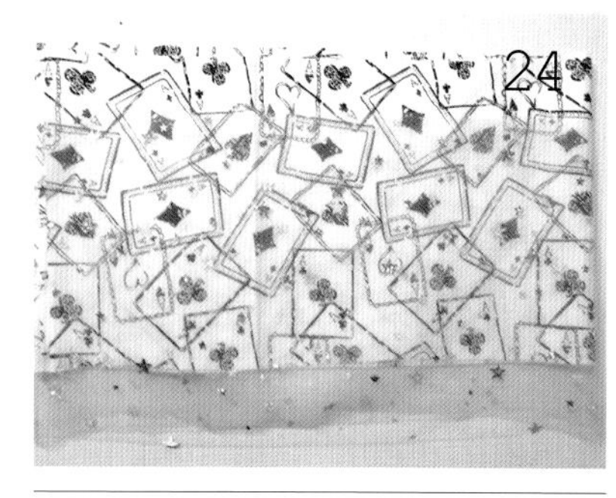

24 下面开始缝合裙摆，本次使用了两层不同材质的布来增加质感。

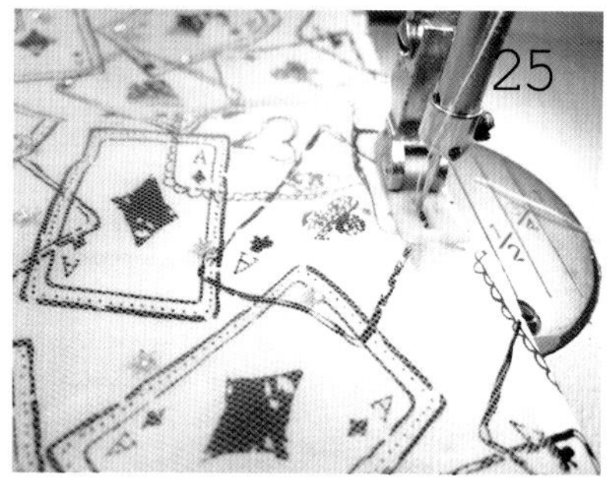

25 因为只是想增加质感，而不是在腰上堆两层厚厚的抽褶，所以这里先将两层布料沿着四边先缝合在一起。这样可以防止布料抽褶时候移位。

26 适当修剪裙边儿，将蕾丝缝合。适当涂上锁边液。

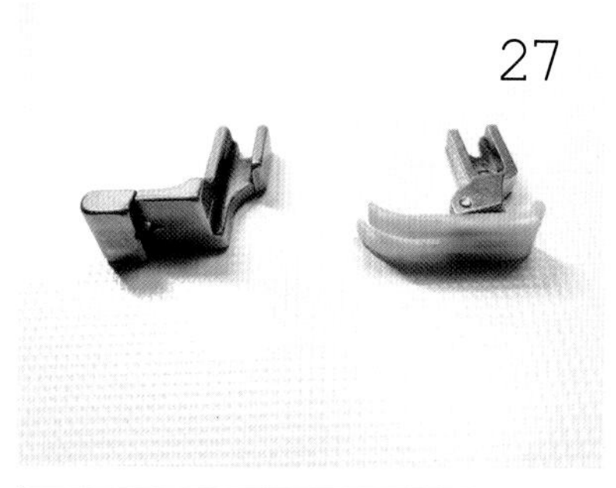

27 此时换上抽褶压脚。左边为抽褶压脚，右面为普通压脚。将裙摆腰部抽褶。

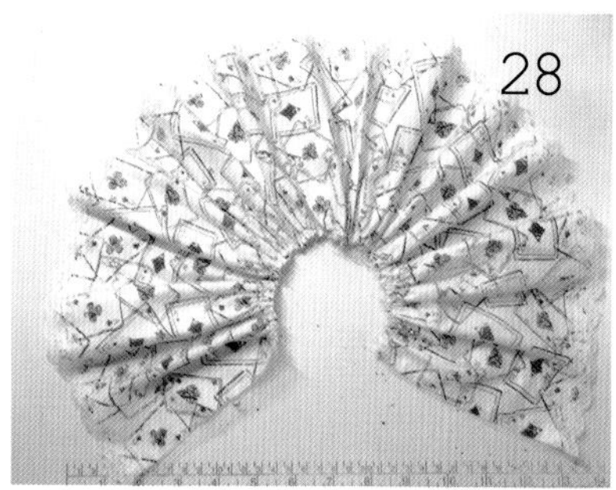

28 抽褶压脚的好处是比手抽的抽褶更均匀。

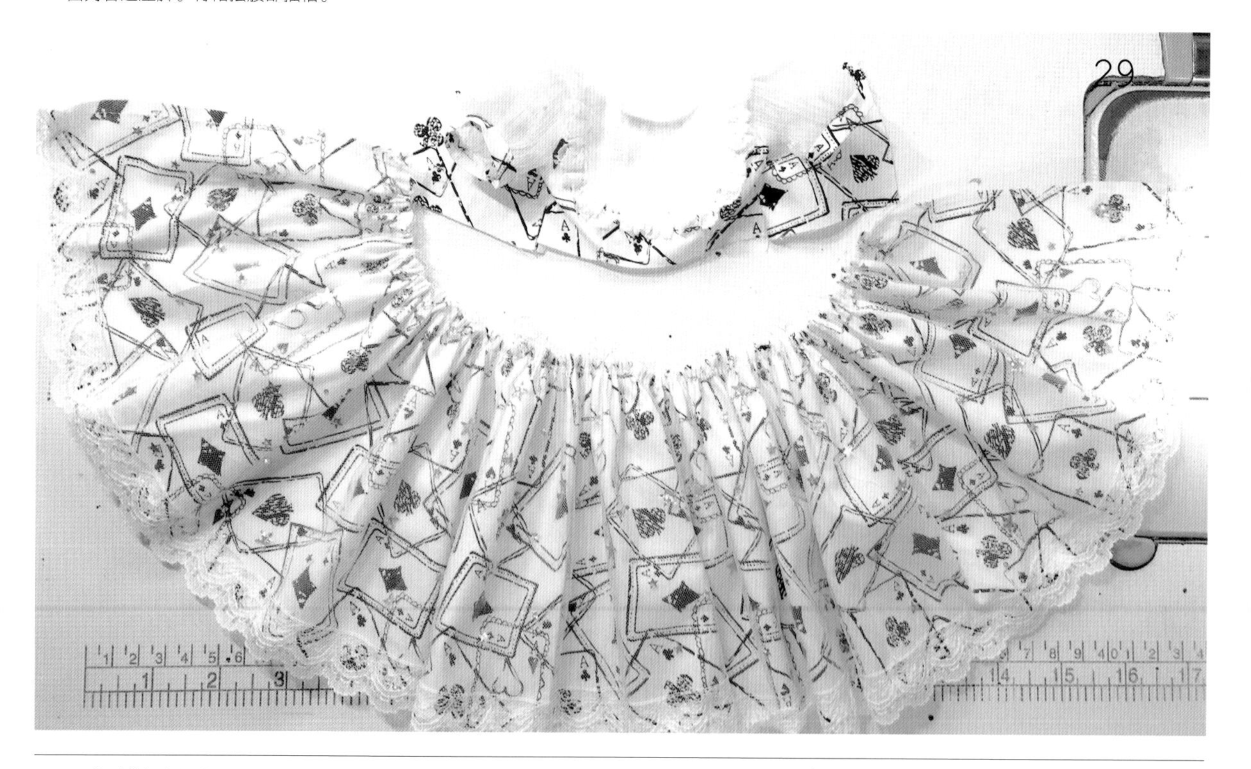

29 然后将裙摆与上衣缝合。

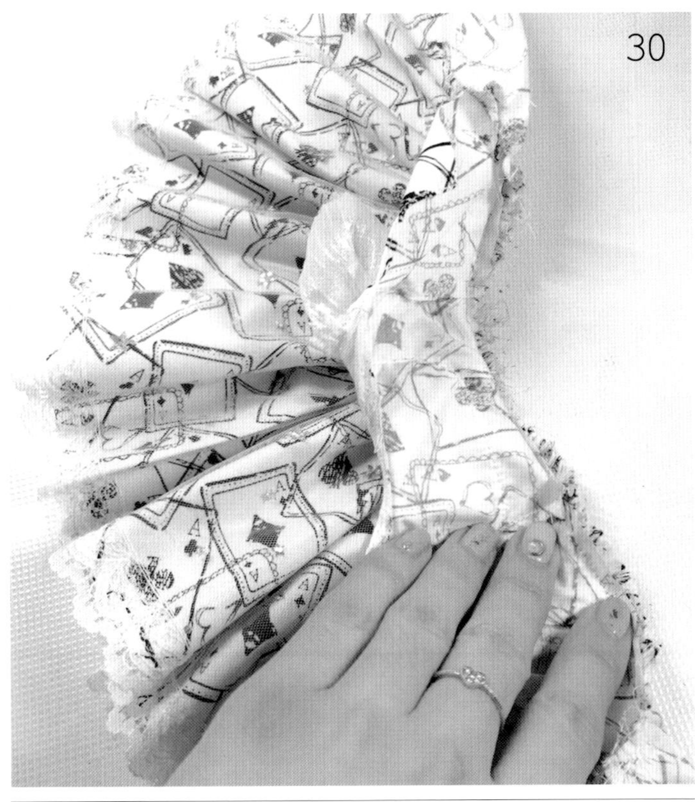

30 缝合后反面是这样的。

31 正面是这样的。

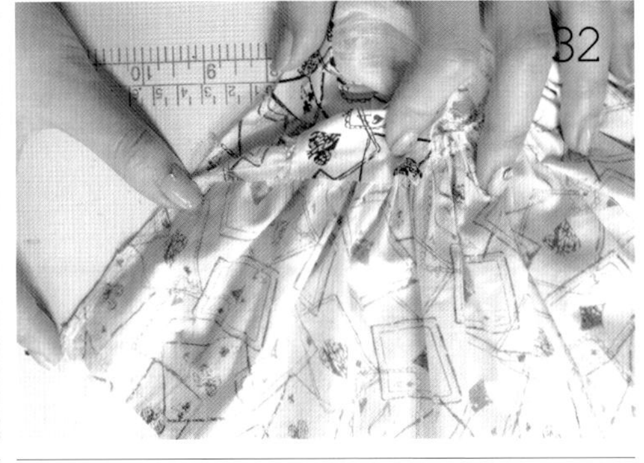

32 将裙摆两面对折，缝合下半部分。

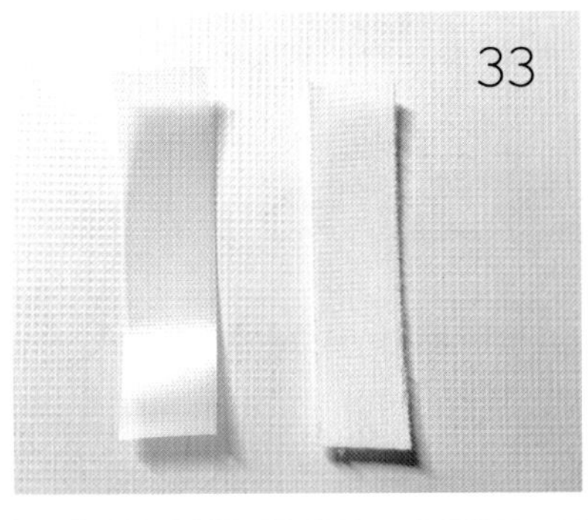

33 准备适当长度的 AB 魔术贴。

34 在上半部分，裙子后面缝上 AB 魔术贴即可。

35 为了美观，可以在领口添加上自己喜欢的扣子或装饰品。

36 黑白爱丽丝的感觉还是跟珍珠和蝴蝶结比较配。这里我使用了 B-6000 手工胶进行黏合。

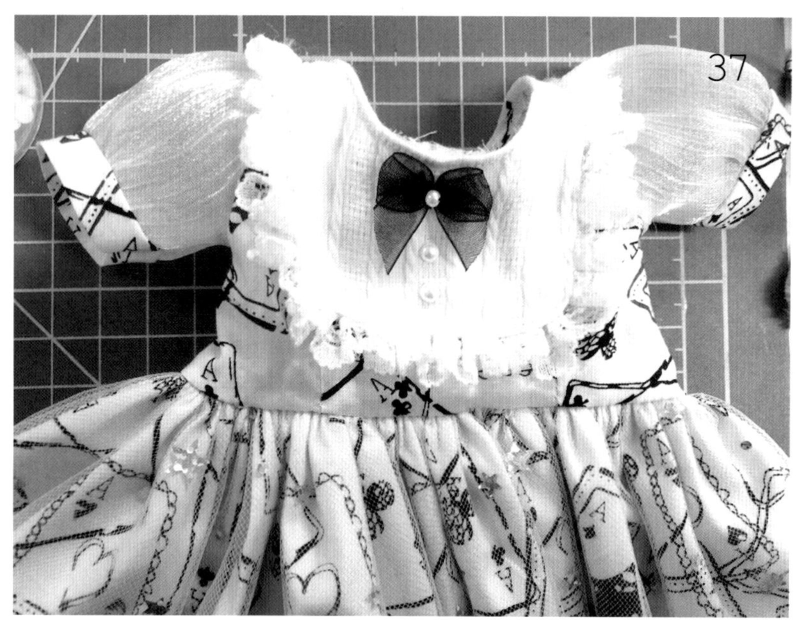

37 贴好珍珠半片后是不是萌萌的？至此整件衣服就完成了。

完工了！

森系连衣裙

我开始认真做娃娃衣服也有五六年了，个人的风格基本是运动休闲小可爱风。很荣幸收到清水baby的邀请，来和大家分享一下我做娃衣的心得。这次分享的是Comibaby家Mini系列小可爱Peridot的连衣裙套装。

作者：Akira-兔子
文字 / 摄影：清水baby

Mini 系列的娃娃是八分特体，比普通八分大，Blythe 娃娃也可以穿。根据它的尺寸，我画出了纸板，并将纸型图裁剪下来。

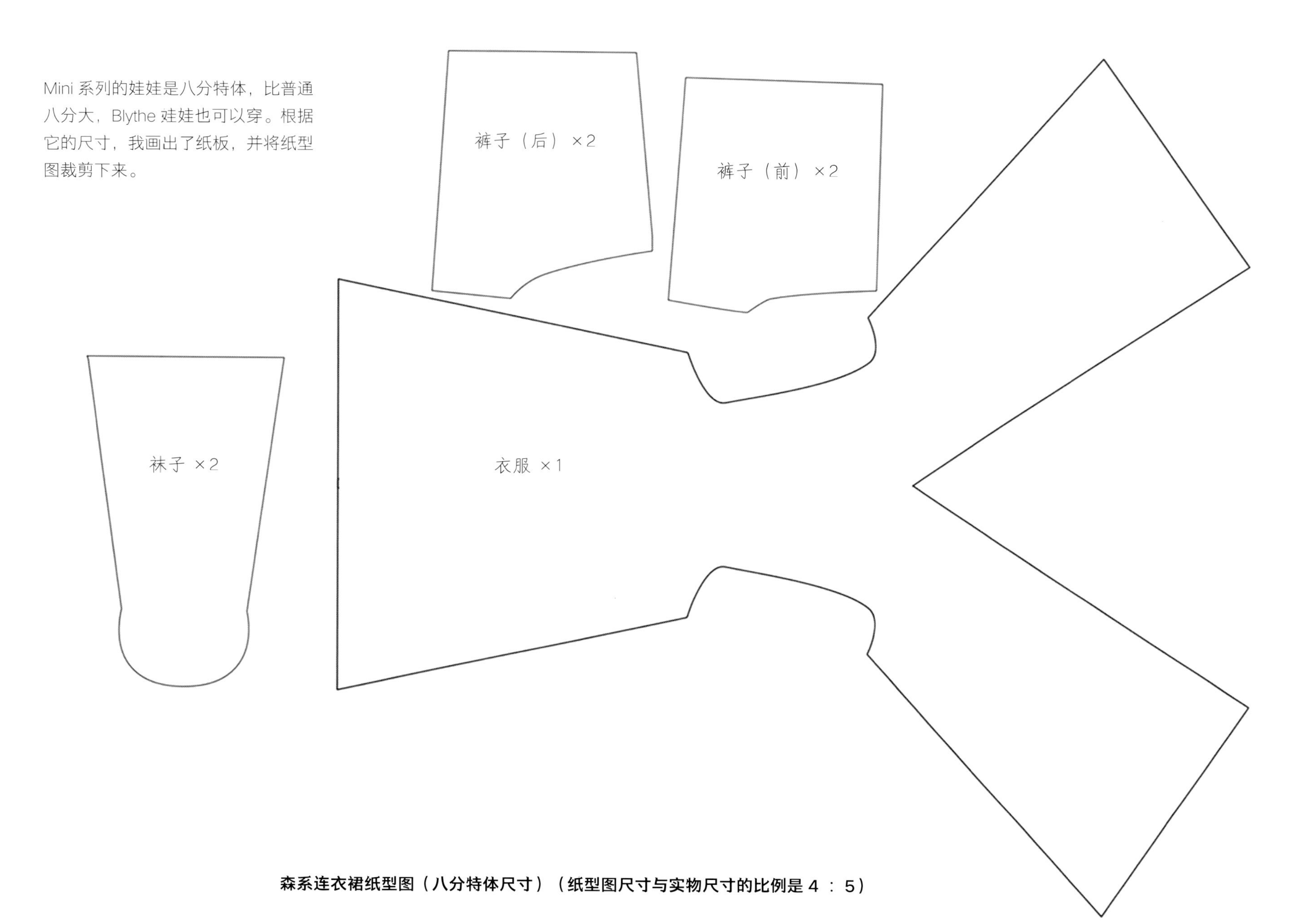

森系连衣裙纸型图（八分特体尺寸）（纸型图尺寸与实物尺寸的比例是 4 ： 5）

所需材料与工具

材料与工具　　需要准备各种布、蕾丝、剪刀、缝纫机、水消笔、尺子、线等。

制作步骤

01 将纸型图放在布上，用水消笔沿着纸型图画好，然后裁剪好。本纸型图已经预留了 0.5cm 的缝线的布料。

02 这里从简单到复杂来教。先来做最简单的袜子。将袜子口向里折 0.5cm。注意袜子要使用弹力布。

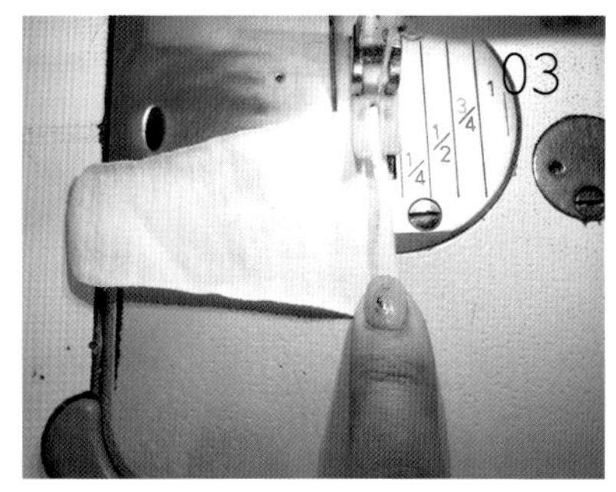

03 用缝纫机竖着缝好。

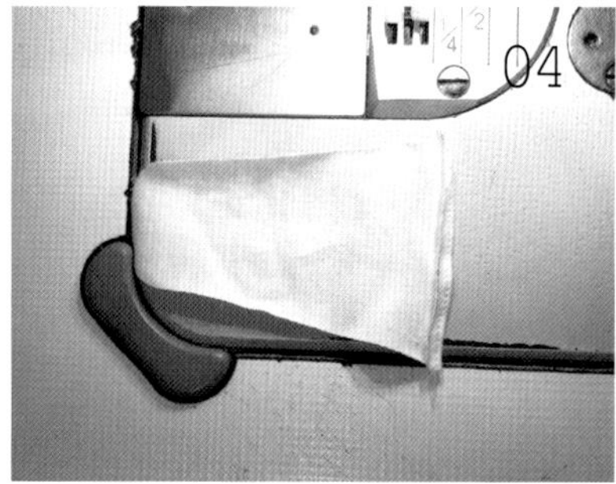

04 缝好后就是这个样子了。

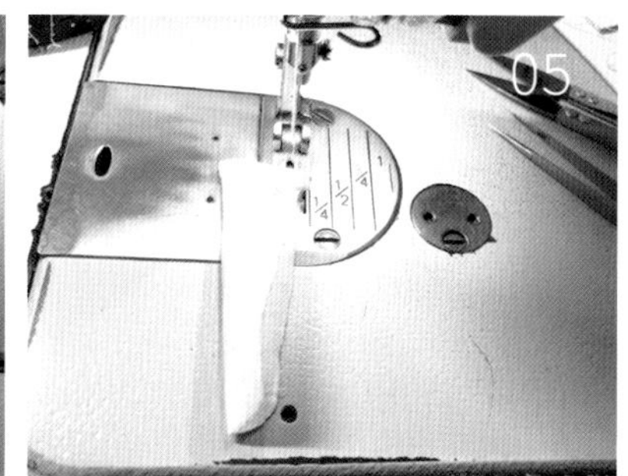

05 从中间对折，沿着边用缝纫机缝到底。袜子就完成啦。是不是很简单呢？

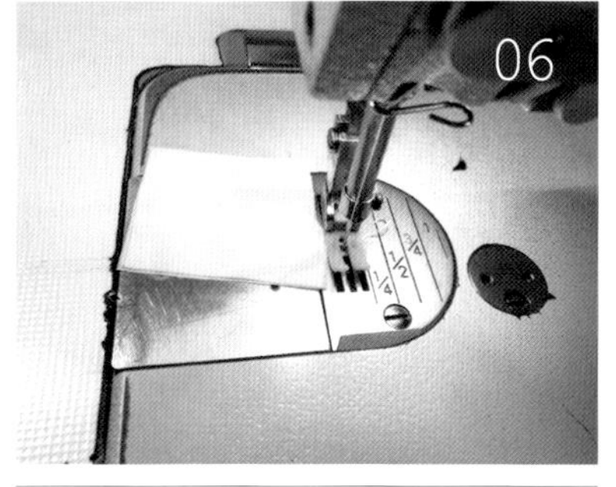

06 下面开始做打底弹力小内裤。

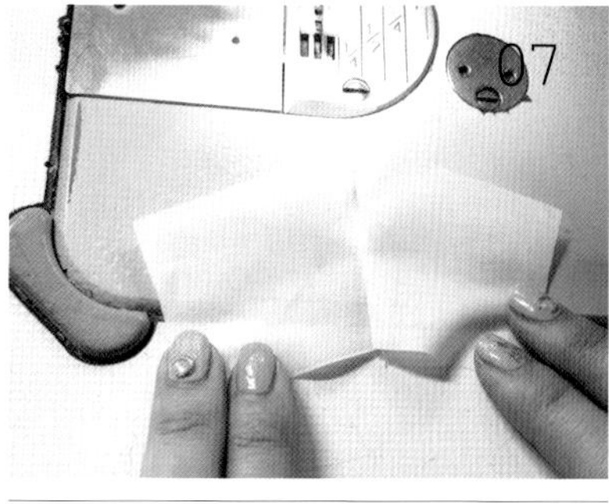

07 小内裤是两片版，每个版各剪两片。先将一组有弧度的缝在一起。

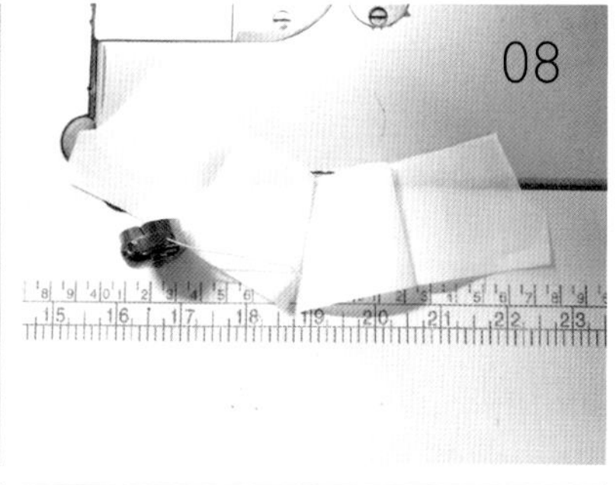

08 就成了这个样子。再将另外两片直线部分和之前的缝在一起。

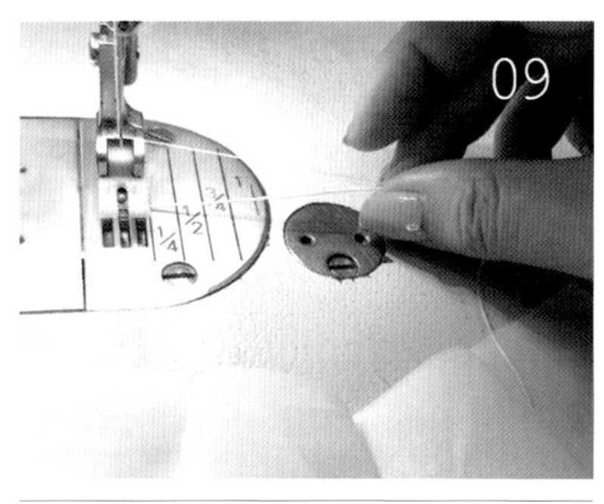

09 将缝纫机的底线换成皮筋。

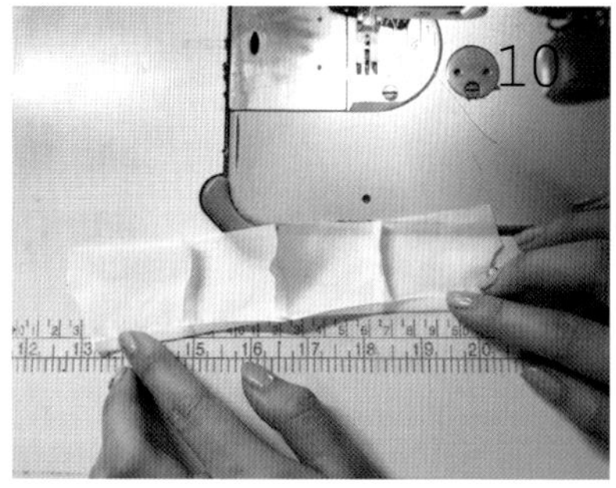

10 将裤腰折叠。

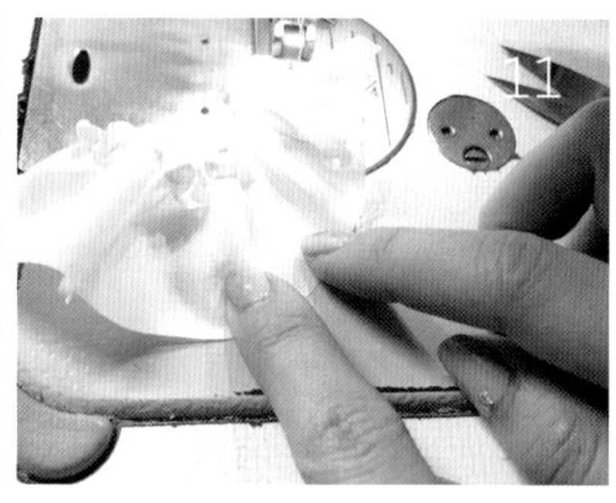

11 用弹力线将裤腰缝好，可以缝两次弹力线。

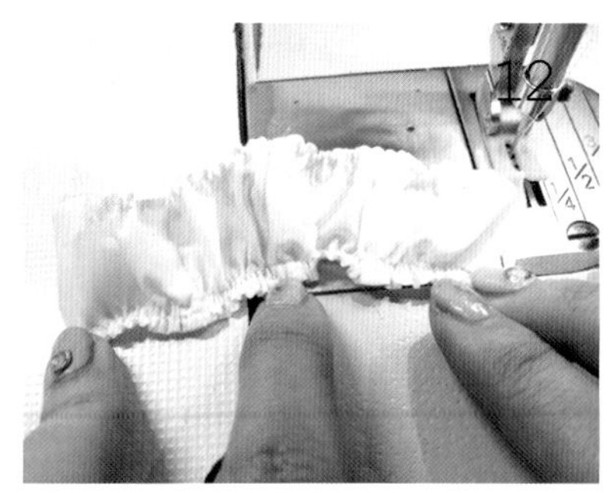

12 再将裤腿边缝好。

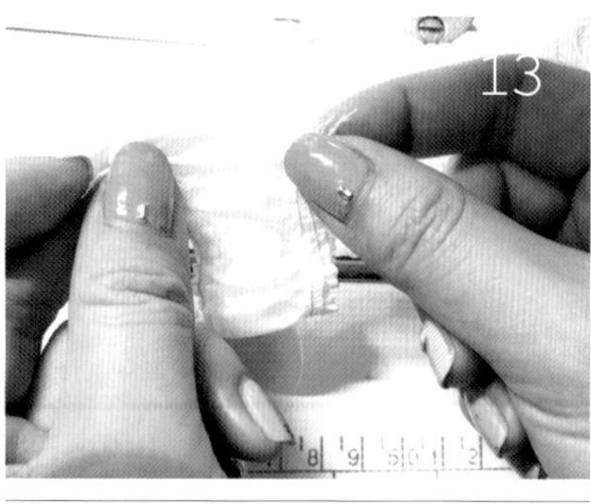

13 换回普通线，将小内裤对折，缝合。

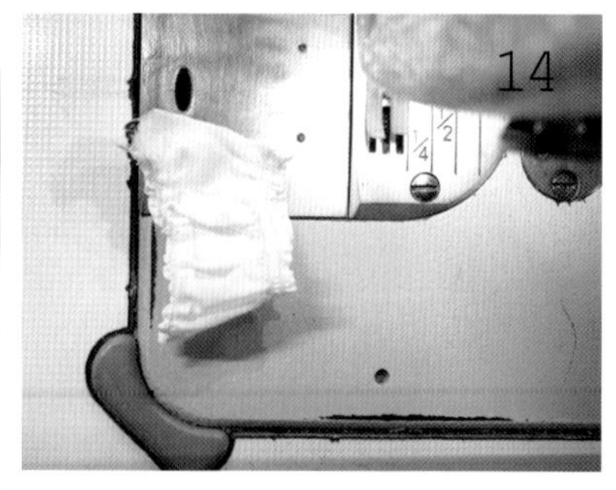

14 就成了现在的样子。

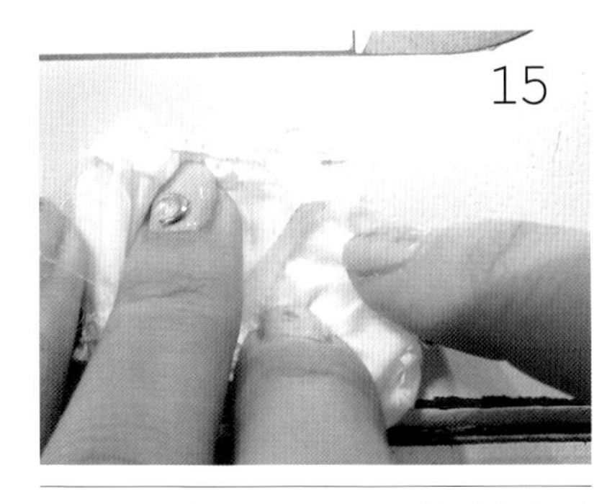

15 现在将它打开，把刚缝好的裤线放到正中间。将上面的横口封上。

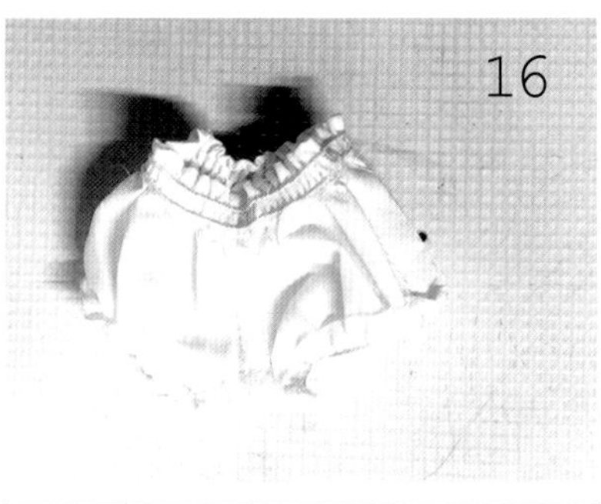

16 小内裤就完成了。

17 把蕾丝用缝纫机直踩后，拉住一根线，抽出褶皱。一般来说，如果想要很多褶皱的效果，就准备出所需长度的两三倍长的蕾丝。

18 将抽好的蕾丝放在旁边，待用。

19 先把三片中领子的地方折边，缝好。可以折一折或两折。

20 缝好后的样子。

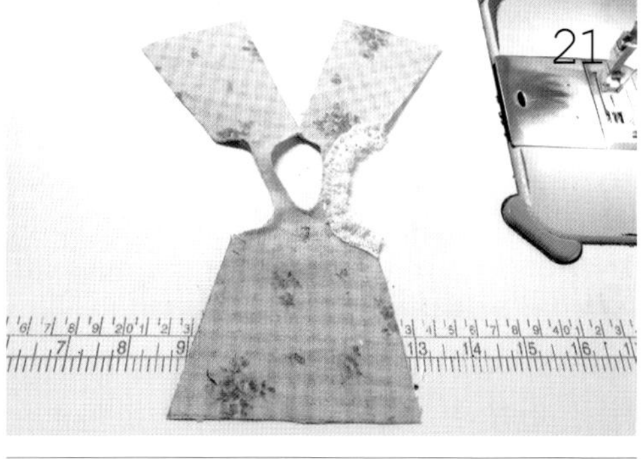

21 同样缝好两侧胳膊处。翻过来，缝上蕾丝。蕾丝要放在正面，头尾记得倒针一下，来确定蕾丝不会开。

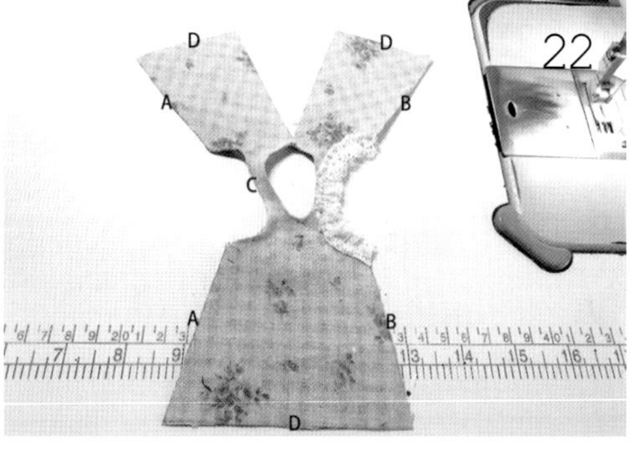

22 按以下顺序缝合：在 C 处缝上蕾丝，再将图中 A 和 A、B 和 B 分别对应，缝在一起。在 D 处缝上蕾丝。

23 就成了现在的样子了。

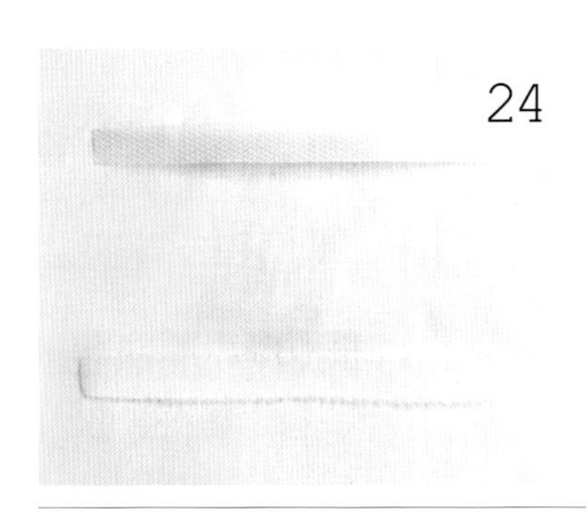

24 准备超薄娃衣用魔术贴。

25 记得魔术贴的 AB 面，一面缝在布料的正面，一面缝在布料的反面。

26 贴上自己喜欢的配饰，加蝴蝶结、珍珠等。

27 一套小衣服就完成了。

完工了！

3 小尖领套装

文字 / 摄影：蓝月
作者：张喵喵

大家好，我是张喵喵。非常有幸能够在书中分享我的制衣过程。希望大家喜欢。

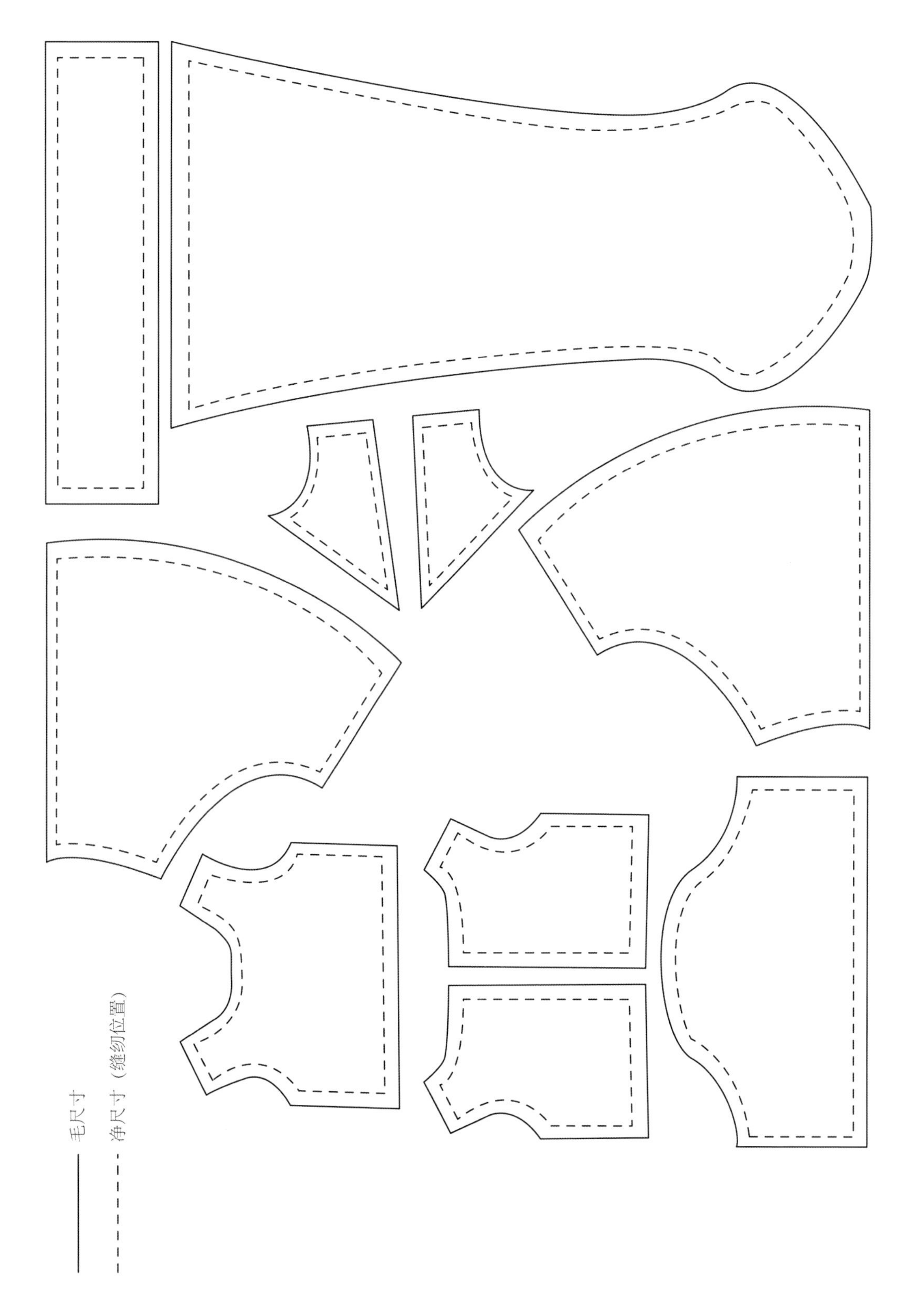

小尖领套装纸型图（四分萝太尺寸）（纸型图尺寸与实物尺寸的比例是5：2）

所需材料与工具

材料

1. 白色丝绵
2. 蓝色细网纱
3. 蓝色丝带
4. 真丝丝带
5. 针插与大头针
6. 宽弹力蕾丝边
7. 织锦带
8. 细山道带
9. 流苏绒线
10. 装饰小五金
11. 单面软衬
12. 进口鲜染格子布
13. 宽山道带
14. 橙色蕾丝花边
15. 淡蓝色丝带
16. 装饰珠子

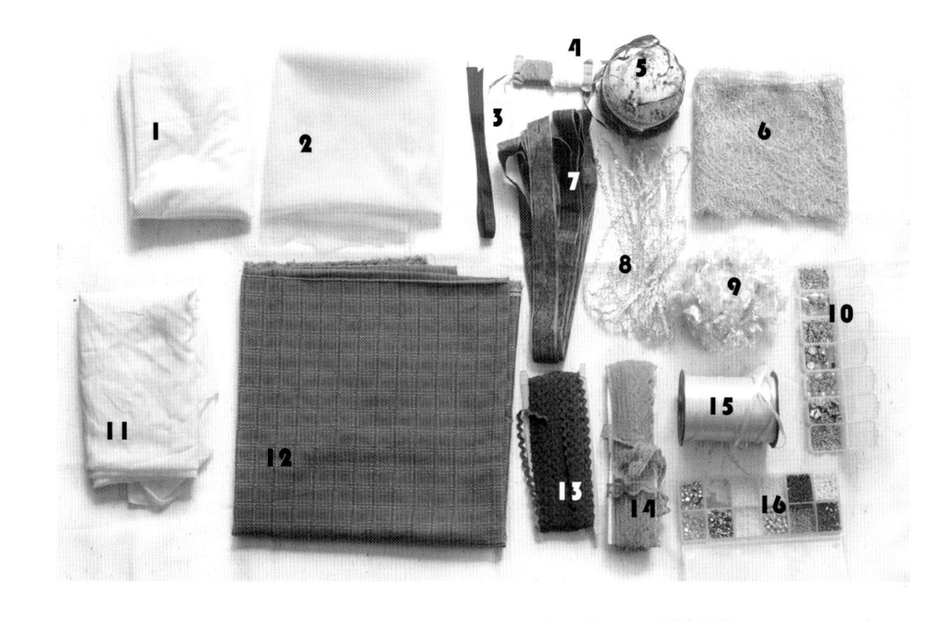

工具

1. 钢尺
2. 张小泉 9 号剪
3. 水消笔
4. 尖头镊子
5. 皮卷尺
6. 打火机
7. 蜡质划粉
8. 蒸汽熨斗

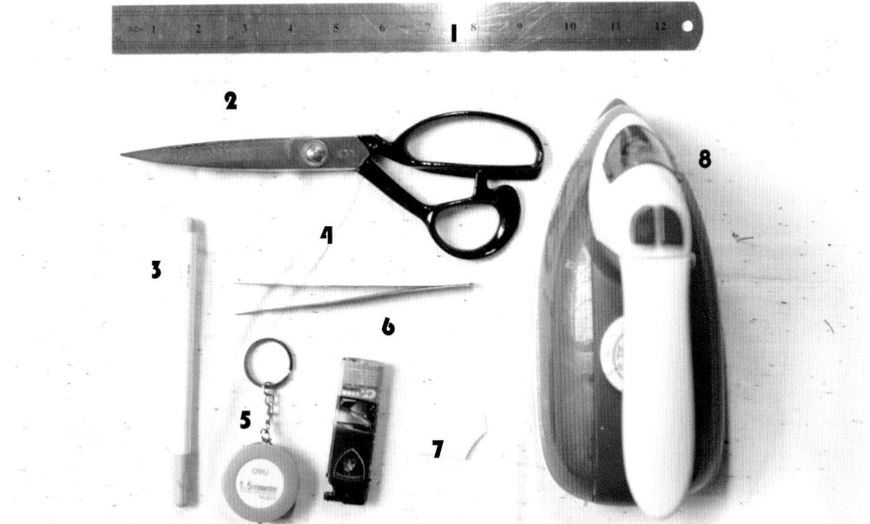

搭配小纸样的制作

我要向大家推荐一个小窍门：在正式做衣服之前，准备好搭配小纸样。这样可以非常直观地看到衣服的效果。

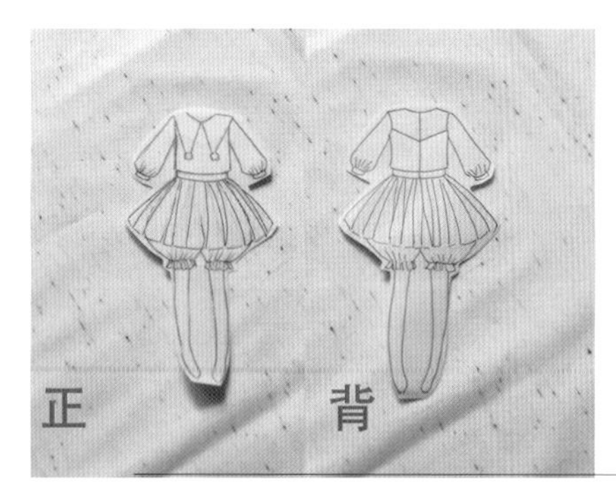

先在较硬的纸片上画出衣服正面的设计图，然后剪下并翻过来，在上面画上背面，就像我们玩的纸娃娃游戏那样。

将纸样套上塑料袋后，用胶水贴上所选取的面料和花边。这样就能大致看出这件衣服的最终效果。满意的话，就可以按照这个搭配正式做了。

制作步骤

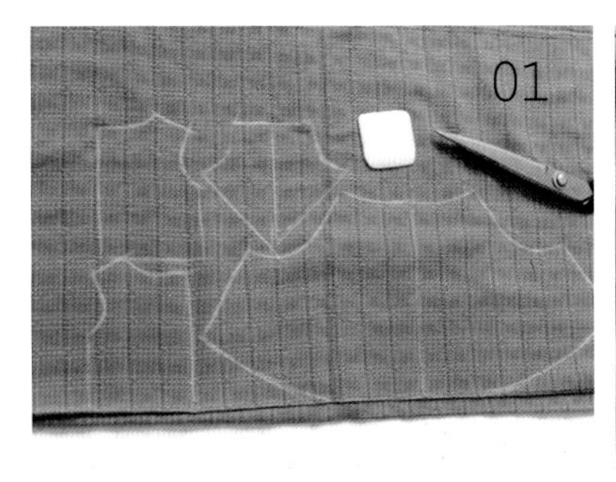

01 先将纸型图剪下，然后覆在面料上。用蜡质划粉沿着纸型图的边缘画出形状。

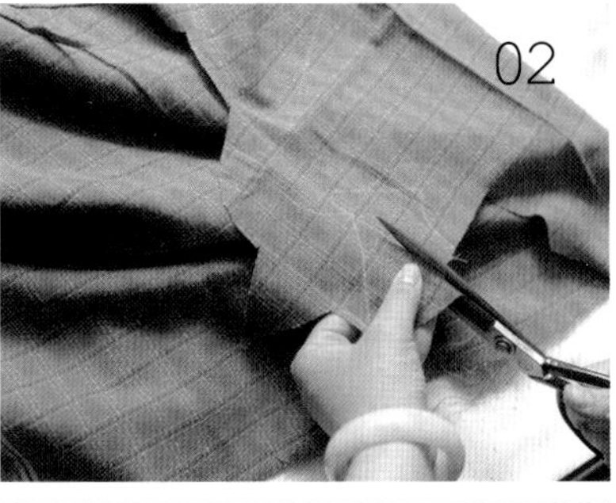

02 用剪刀沿着刚才画的划粉痕迹小心地剪下布块，待用。

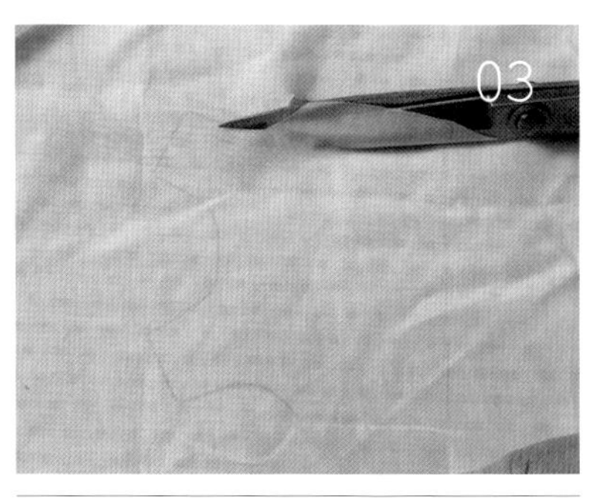

03 因为上半身所使用的丝棉面料比较柔软，所以要做双层，并在里面一层面料上先烫单面软衬。用蓝色的水消笔沿着纸型图在单面软衬上画出形状。

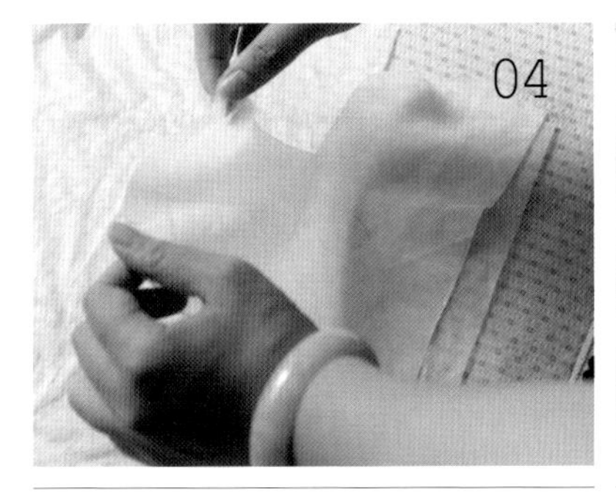

04 因为有一面遇热会产生黏性，所以要将剪好后的单面软衬反过来放在白色丝棉上，以免在烫的时候黏在熨斗上。

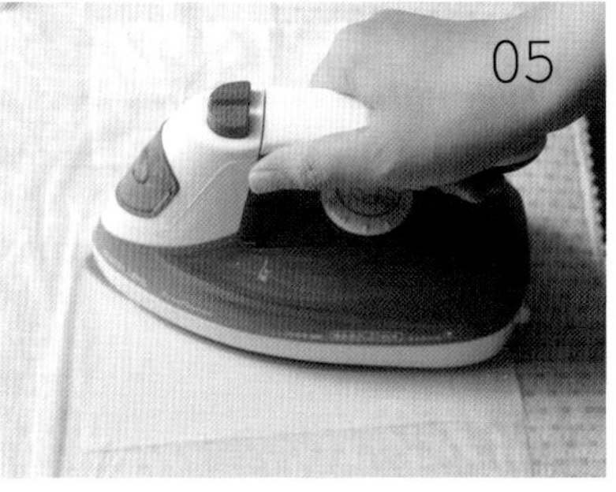

05 一定要将蒸汽熨斗的蒸汽打开，然后小心地将单面软衬烫在白色丝棉布料上。

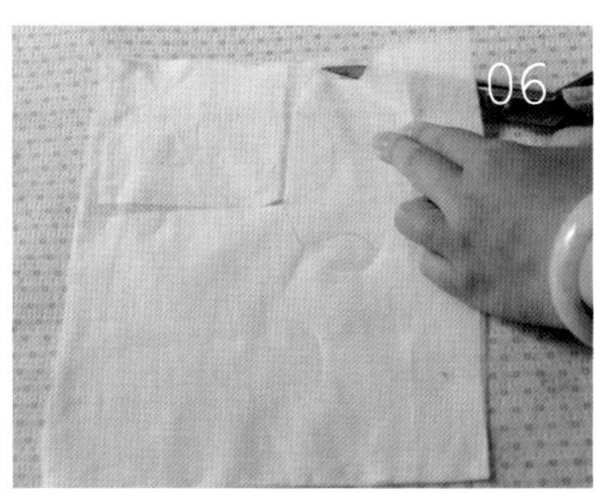

06 冷却后沿着形状剪下，作为上半身的夹里布，待用。另一层不用烫衬，直接剪下待用。

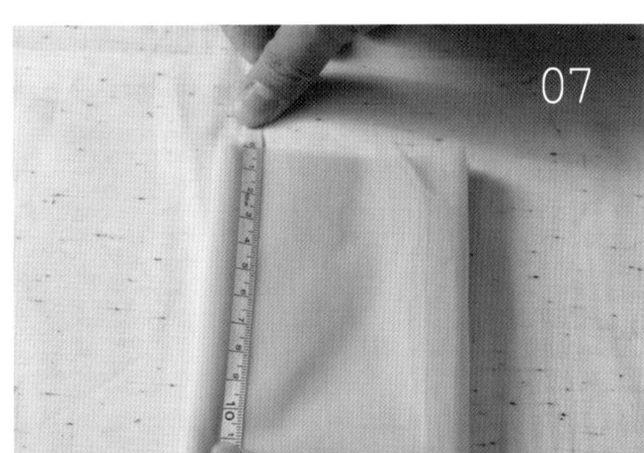

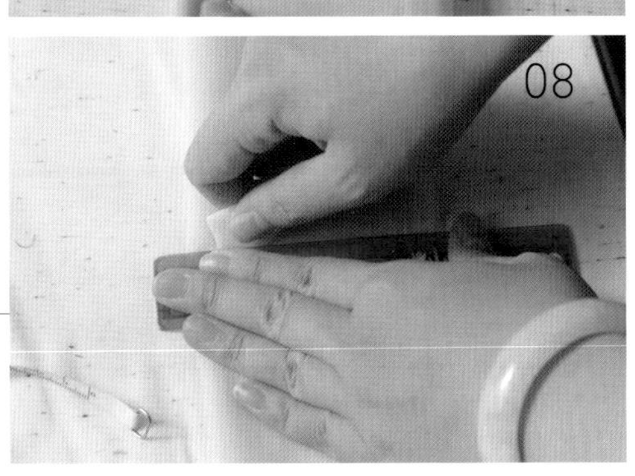

07 将蓝色的网纱对折四遍之后，用尺子量出需要的长度。

08 为避免剪歪，可以画一条参考线。

09 用剪刀沿着参考线将纱剪下，待用。

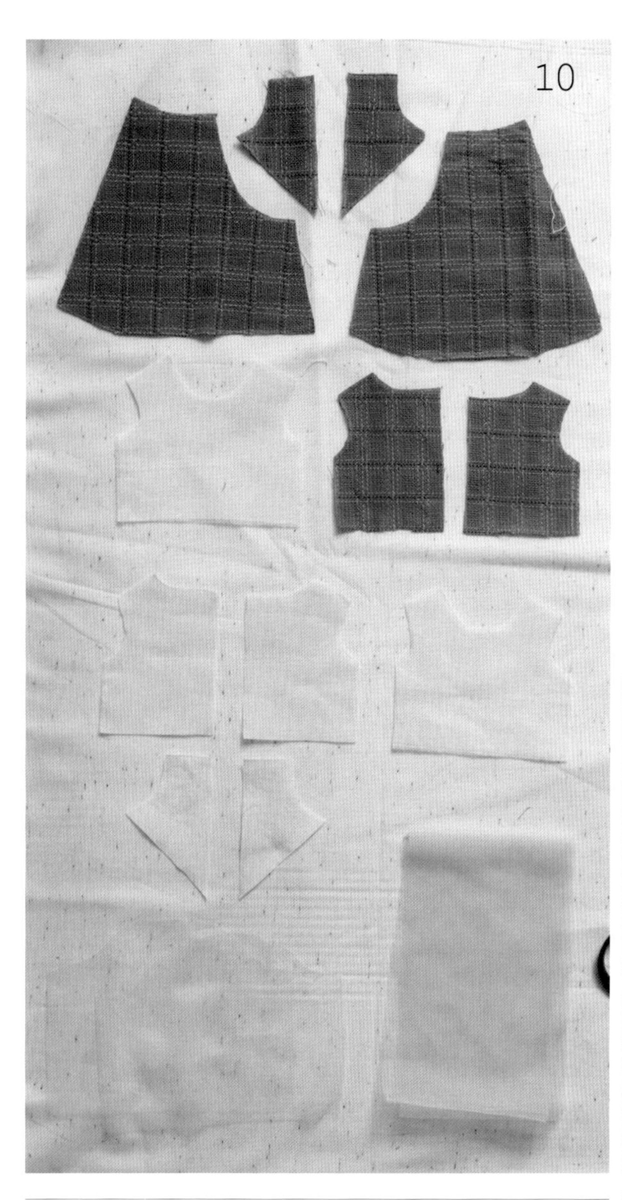

10 所有的单片都剪好后，开始缝纫。

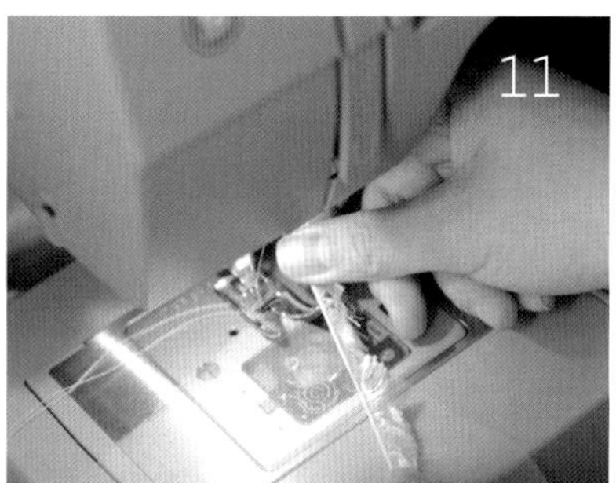

11 先制作裤子外圈的网纱下摆，使用流苏绒线缝在网纱的最边缘。

12 为了美观，再在流苏绒线的上面缝一条淡蓝色的丝带。

13 不够熟练的朋友可以分两次完成。

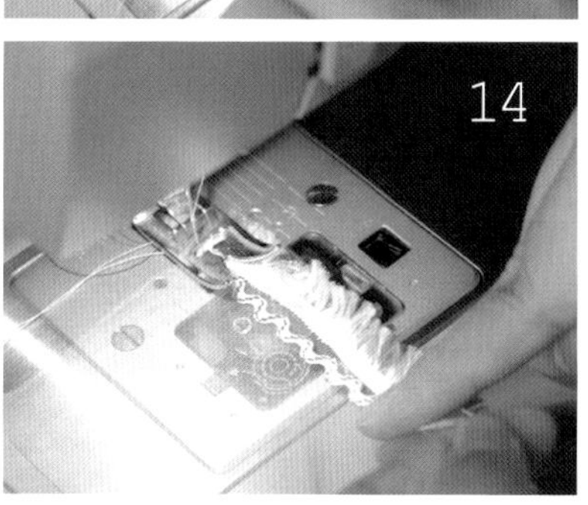

14 缝好后，在上面缝上一条细山道带，放在旁边待用。

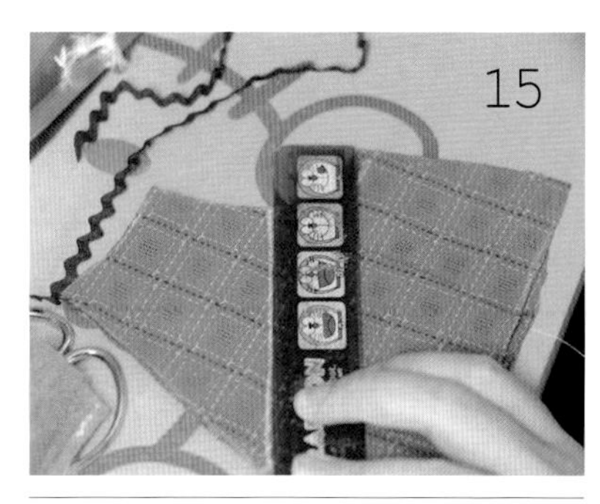

15 然后在裤片上需要缝花边位置画上参考线。

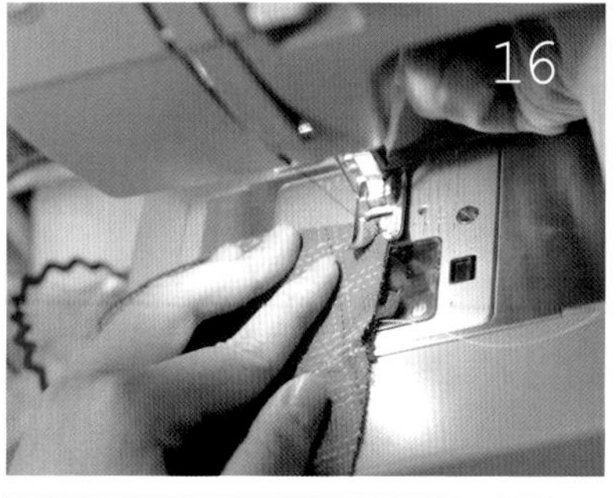

16 将宽山道带沿着参考线缝好。四个裤片都是同样的步骤。

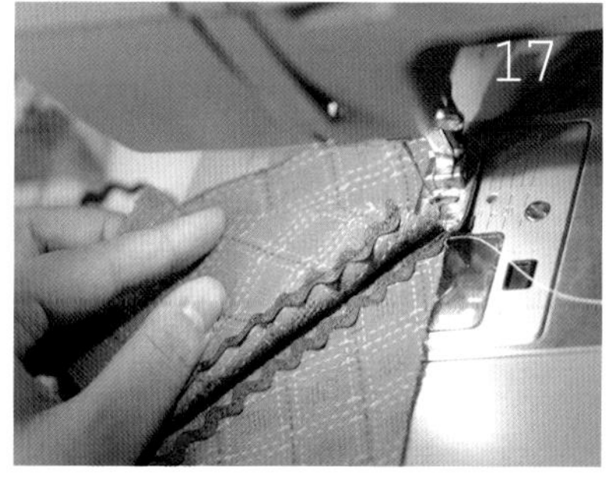

17 将正面的两片裤片缝上。注意花边要对齐。

18 有缝纫机的朋友可以锁边。

19 使用橙色的蕾丝花边装饰裤脚管，先在正面倒过来缝。

20 缝好后翻过来再缝一遍。四个裤片都是同样的步骤，将花边都缝好。

21 然后将前裤片和后裤片对齐。

22 将前后裤片缝在一起。

23 缝好后检查花边是否对得整齐。

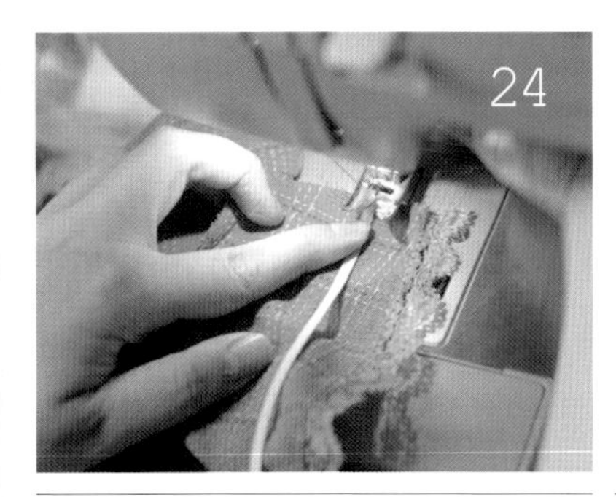

24 用橡皮筋来做裤脚收口，先用划粉在裤脚橡皮筋的位置上标出记号。

25 沿着划粉的痕迹缝上橡皮筋。缝好后，橡皮筋就会让裤脚形成收口的效果。

26 正面的样子。

27 然后在裆缝处沿着中间再缝一遍，这样的做法是为了让裆缝更平滑。

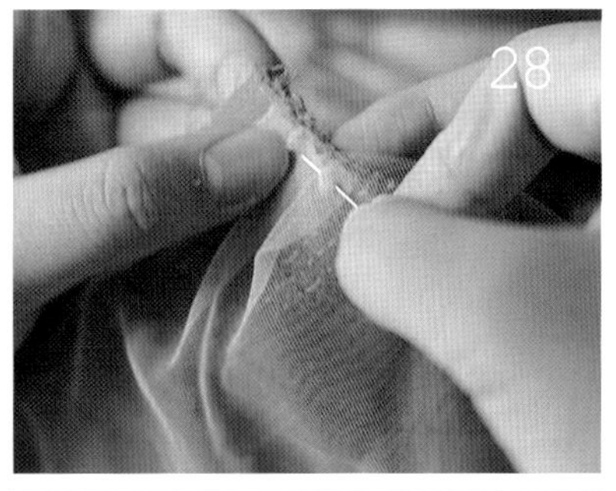

28 将之前缝好花边的网纱用大头针均匀地别在腰缝处，制作褶皱。

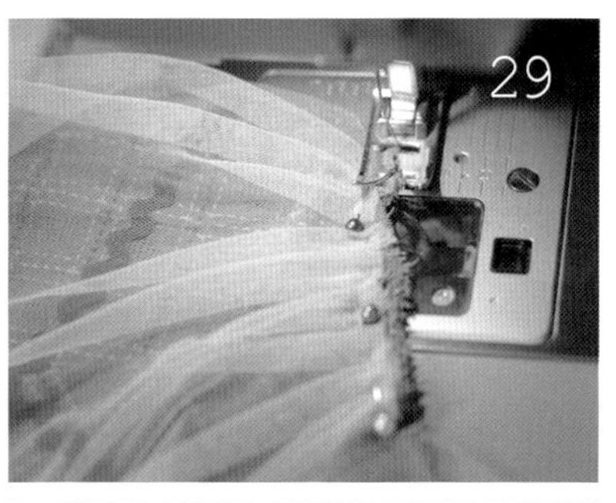

29 均匀地将网纱抽褶皱别在裤腰线处。一边小心地缝纫，一边抽掉大头针。

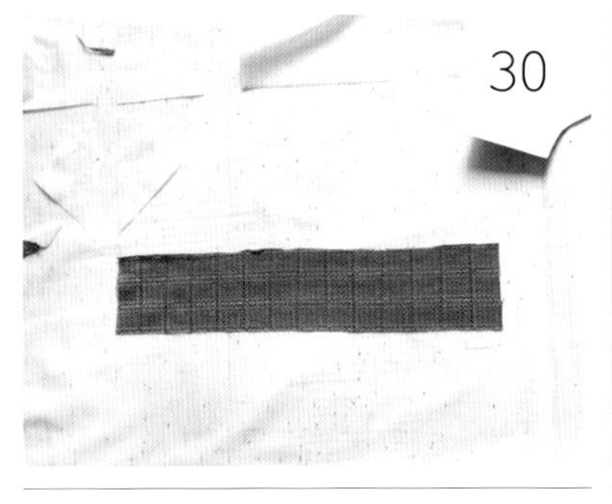

30 取出剪好的长条形状的布片作为裤腰。

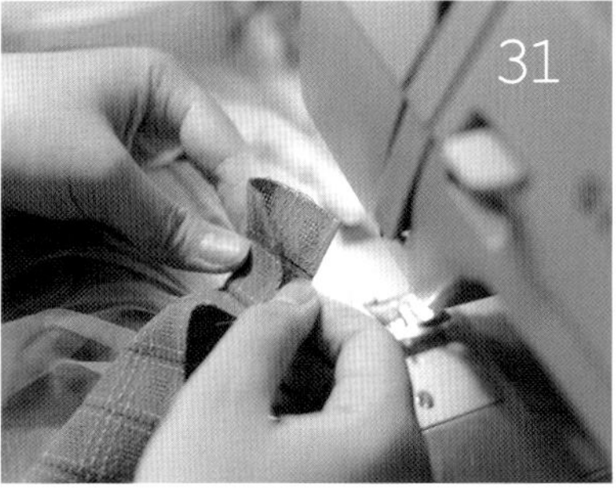

31 将这条长条布竖着对折。

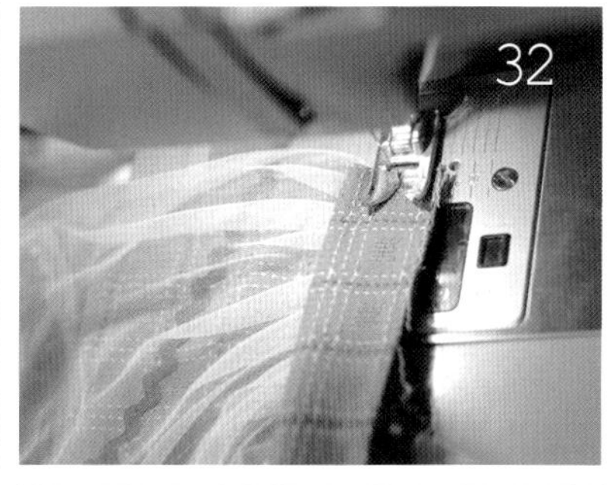

32 盖住网纱的缝纫线，并和裤腰缝在一起。

33 将橡皮筋穿过发夹，再用发夹引着橡皮筋穿过刚刚缝好的长条布中间。

34 拉紧橡皮筋，再将两边缝上，裤腰完成。

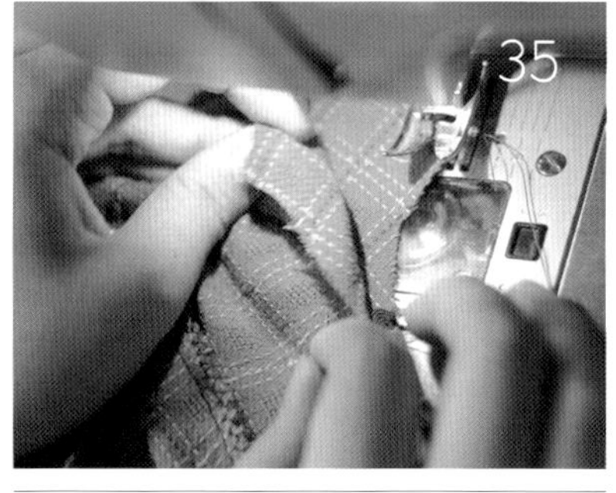

35 接着将裤裆缝起来。

36 记得锁边哦。

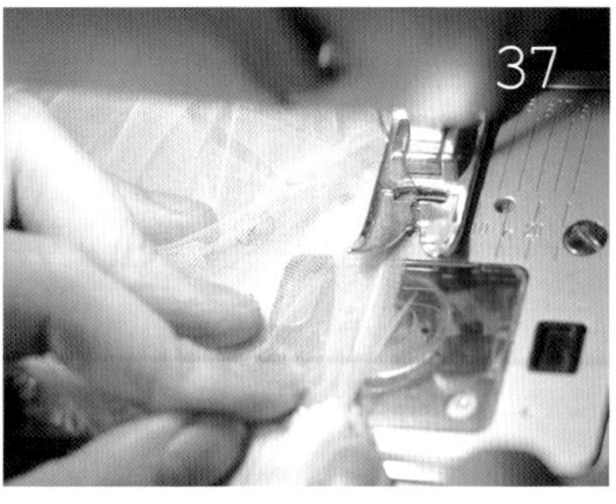

37 外圈的网纱也要缝起来。

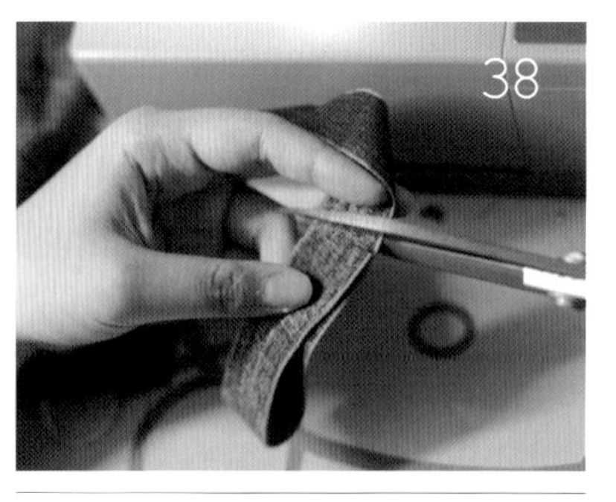

38 拿出准备好的织锦带，剪断。

39 用打火机烧边，以防抽丝。

40 将织锦带对折后，在中间交叉的位置上缝一针。

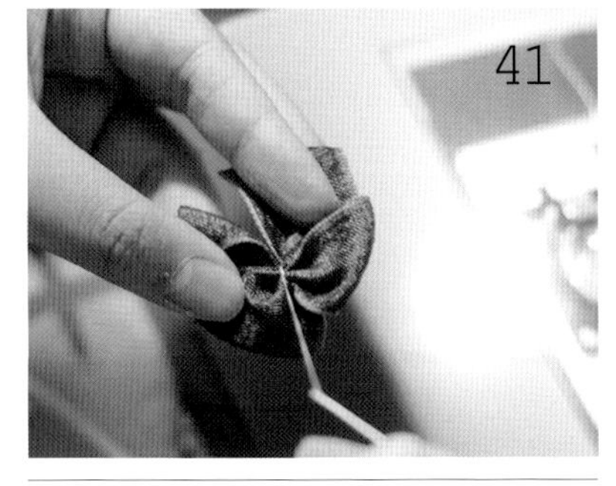

41 将线抽紧，再缝几针加以固定，制作成蝴蝶结。

42 将蝴蝶结缝在裤脚的两边，作为装饰。

43 给娃穿上，看看效果。

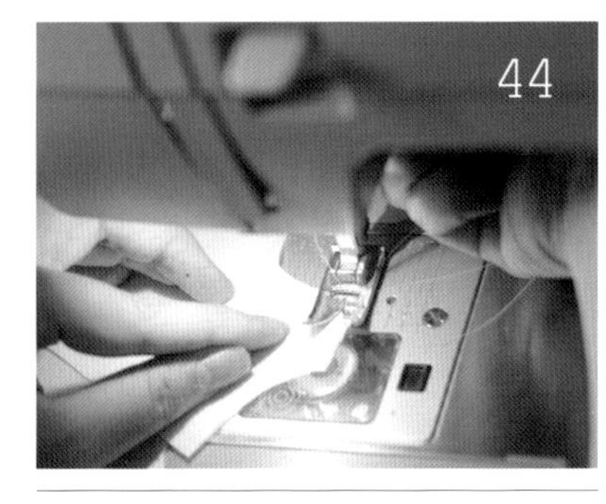

44 先将上半身的烫过单面软衬的夹里布片前后的肩线缝上。

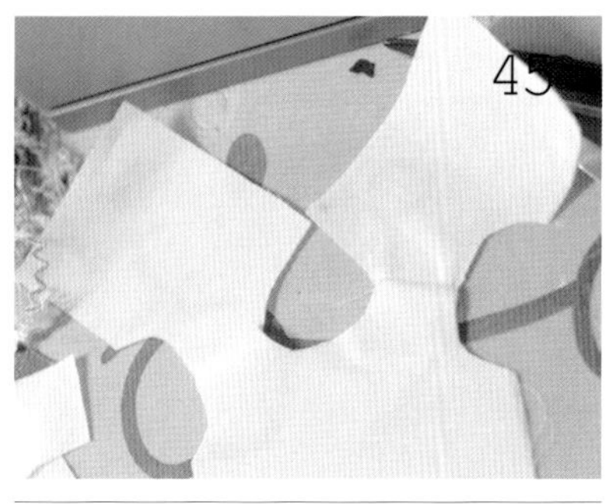

45 将两边肩线缝上后待用。

46 在两片领子需要缝宽山道带花边的地方用划粉定位。

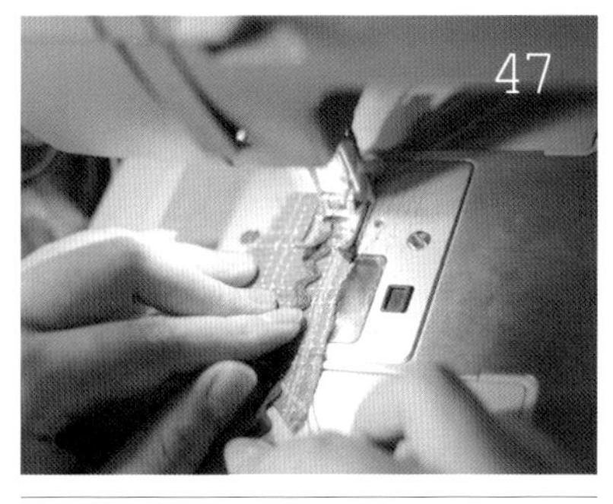

47 根据定位线来缝花边。

48 拿出领片的底布，将领片反过来与底布缝纫。

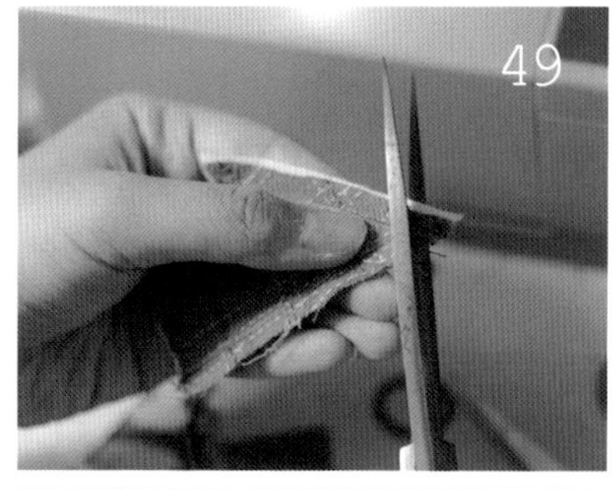

49 最上的边先不缝，然后将多余的布料剪去。

50 将领片翻到正面。

51 制作好的一片领片的效果。

52 将这片领片和单层的丝绵布片领口对齐。

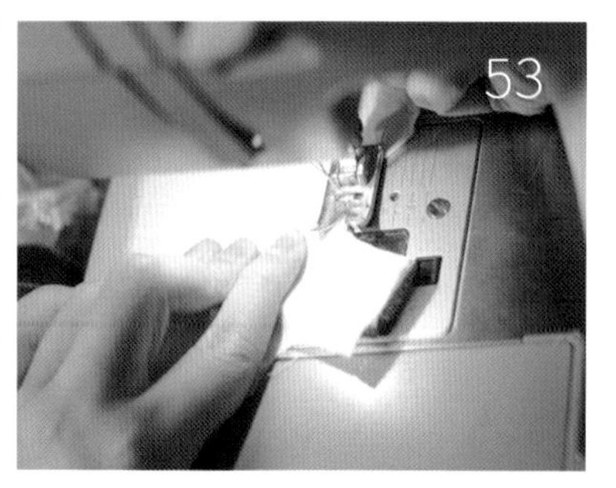

53 进行缝纫。用同样的方法制作另外一边领片。

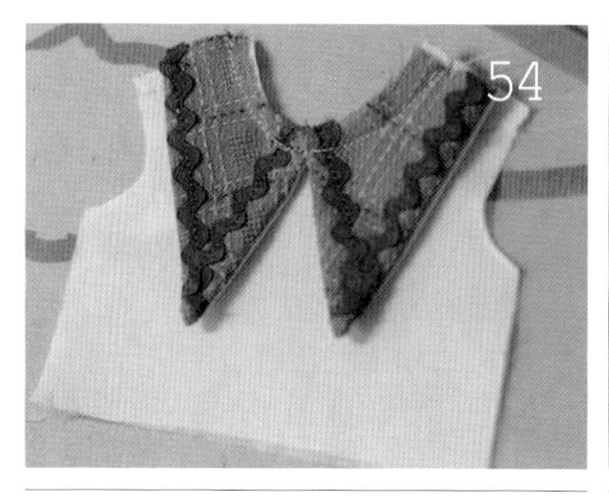

54 两片领片都缝纫完毕。

55 接着将丝绵布片与上身的背面布片缝在一起。

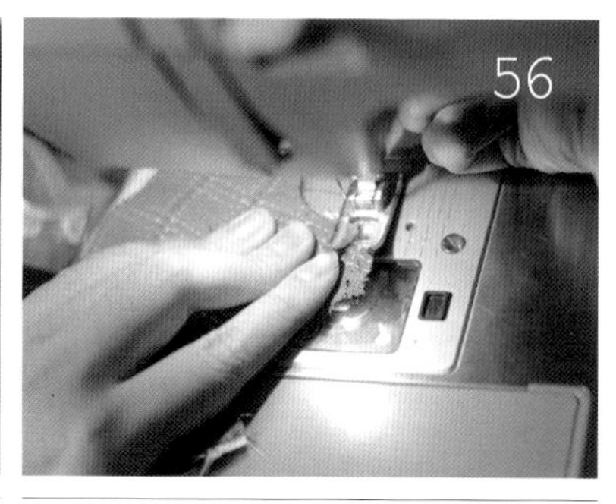

56 同样先缝两边的肩线。

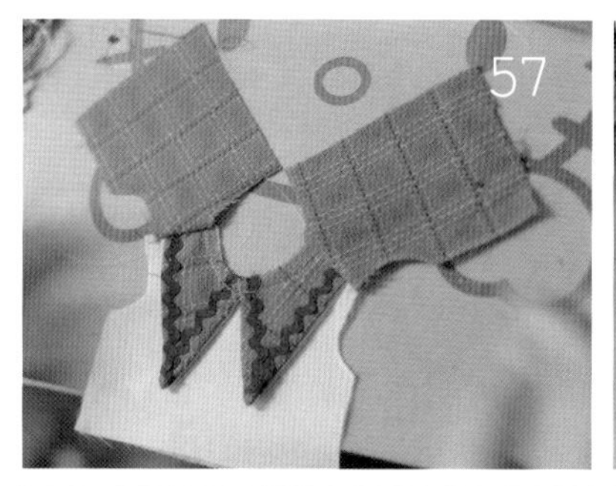

57 肩线缝纫完毕。

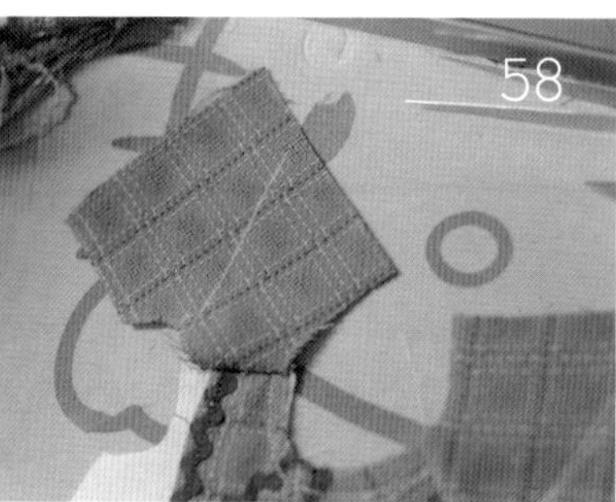

58 背面也有装饰性花边，同样要用划粉来定位。

59 根据定位线将装饰用宽山道带花边缝到背面的布片上。

60 缝好后，取出之前缝好的夹里，盖在正面。

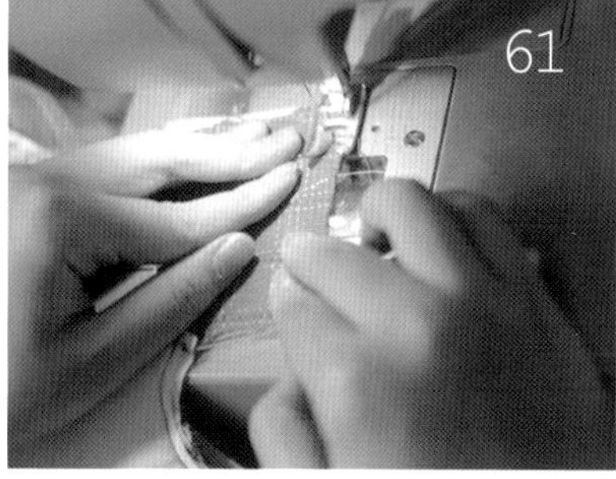

61 将夹里与正面缝合，只需缝两侧和领圈，不用缝底边。

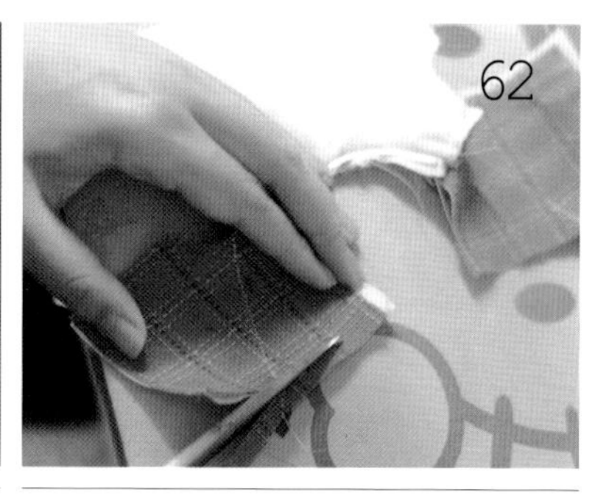

62 剪去多余的布边。

63 翻过来，用熨斗烫平。

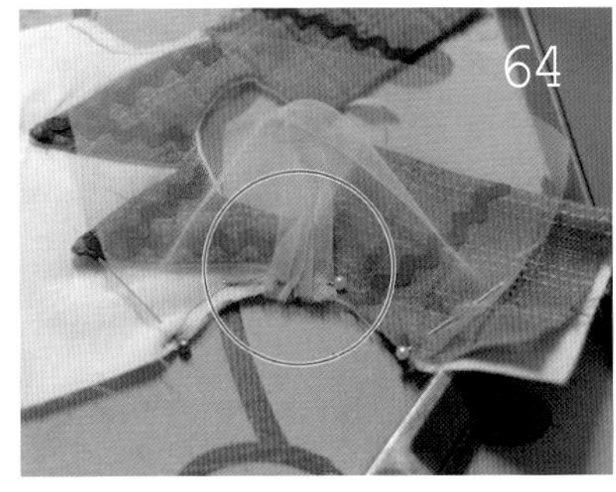

64 制作袖子。先用大头针将网纱固定在袖笼处。在袖子上肩膀处折叠出褶皱，并用大头针固定。

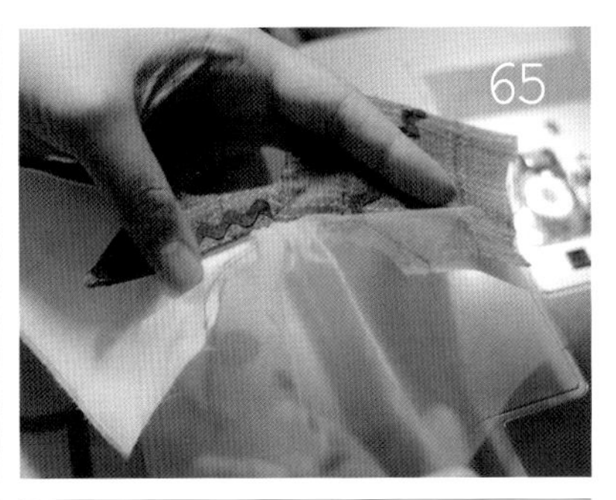

65 然后，一边用缝纫机缝纫，一边随着缝纫的进度将大头针抽掉，缝好后翻过来。

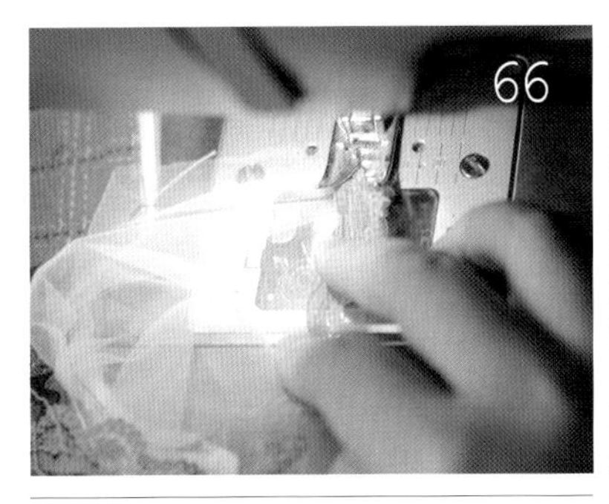

66 袖口处也使用与裤脚处同样的橙色蕾丝花边进行装饰。

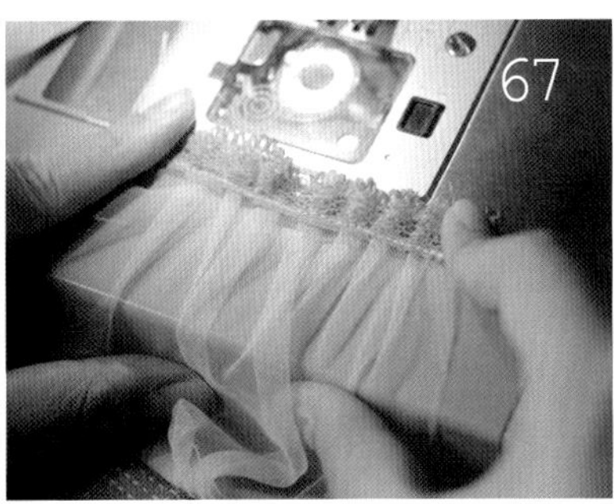

67 同样要进行抽皱哦。

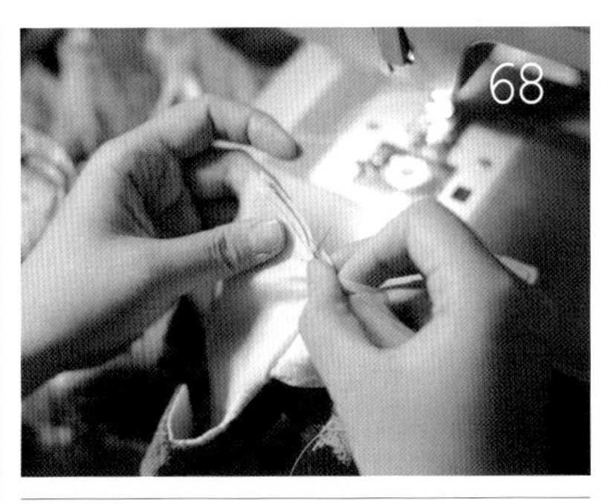

68 将上身的腰两侧对齐。

69 然后缝纫，从腰的两侧一直缝到袖口。

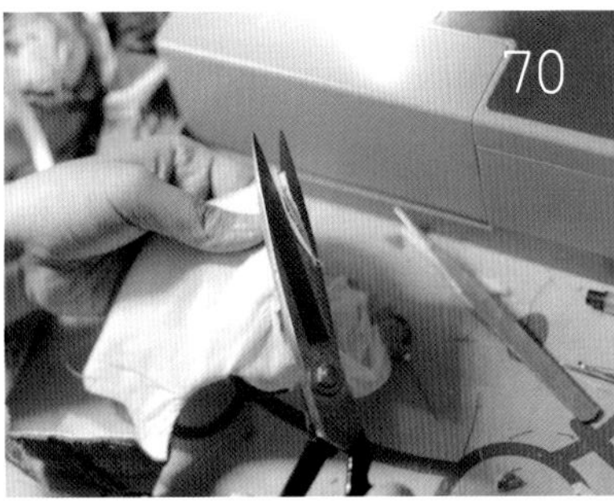

70 将多余的布边剪去，袖子制作完成。

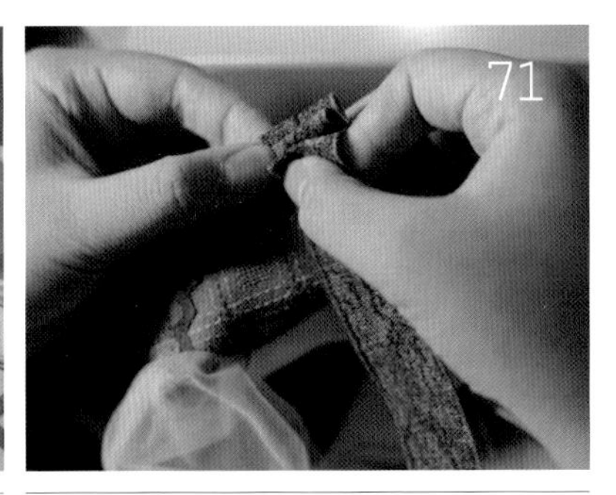

71 为上衣的下摆设计了抽皱装饰，使用了与和裤子上的蝴蝶结同样的织锦带。

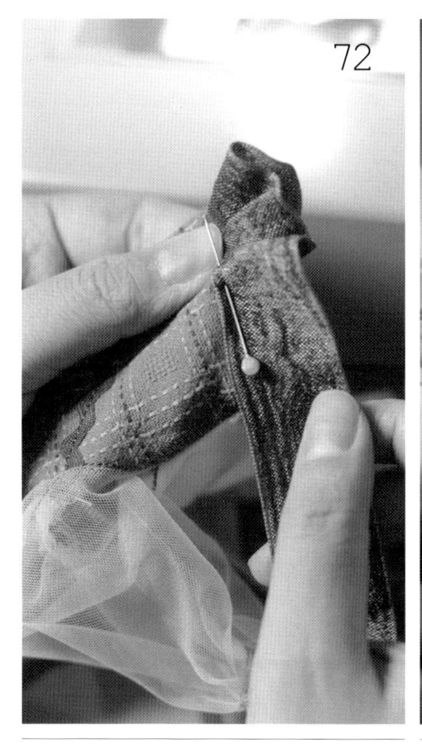

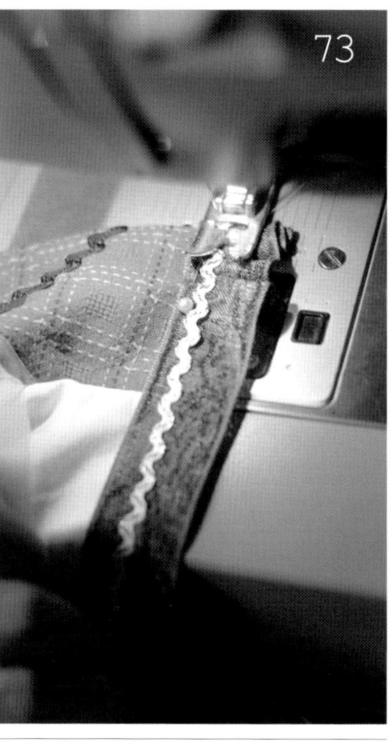

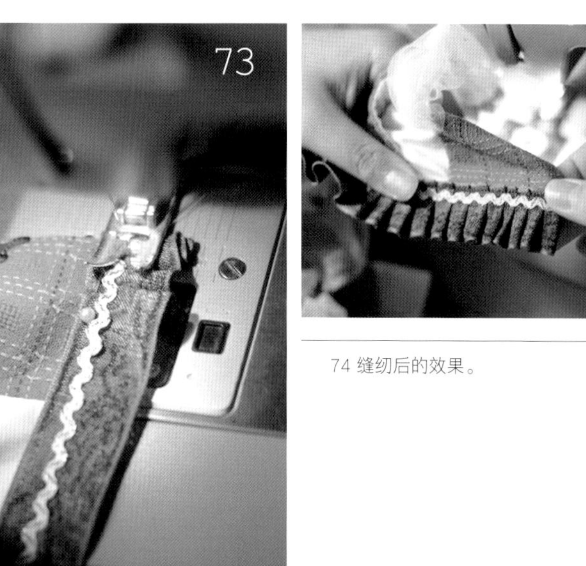

74 缝纫后的效果。

72 在上衣的下摆折叠出褶皱，并用大头针固定。

73 使用细山道带花边进行压线处理。一边缝，一边随着压线的进度抽掉大头针。

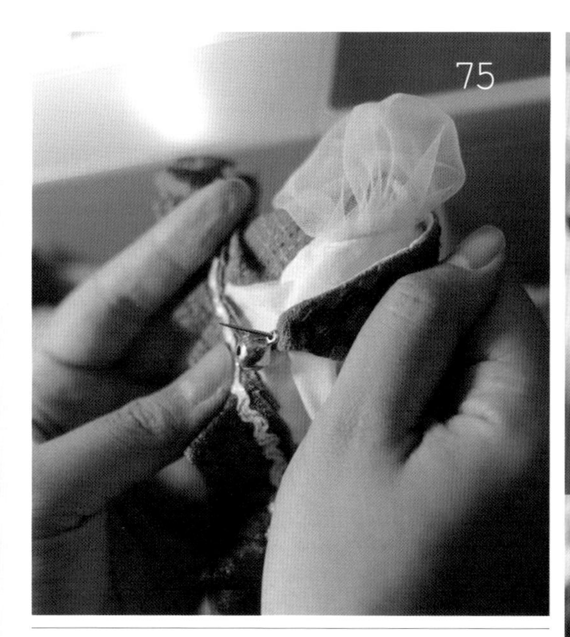

75 在领片的尖角处，缝上装饰性的铃铛。

76-77 使用同样的方法用蓝色丝带制作一个小的蝴蝶结。将丝带的中间抽紧并固定，蝴蝶结便制作完成。

78 选取一颗好看的装饰性宝石。

79 与蝴蝶结一起缝在上身正面的中间位置。

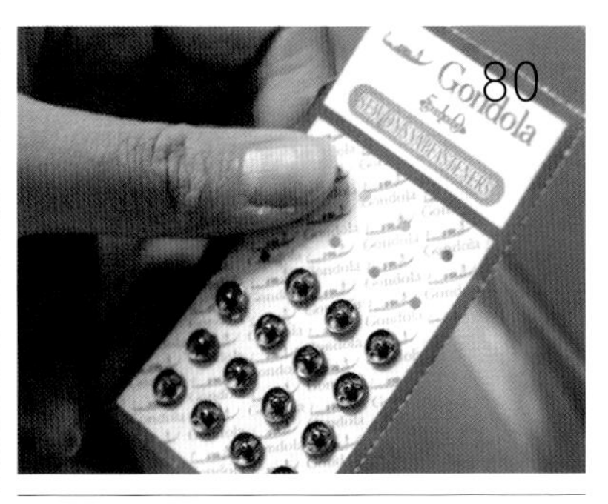

80 使用最小号的金属暗扣。

81 缝在衣服的背面。

82 在左右两条袖子上折出褶，用针线加以固定。

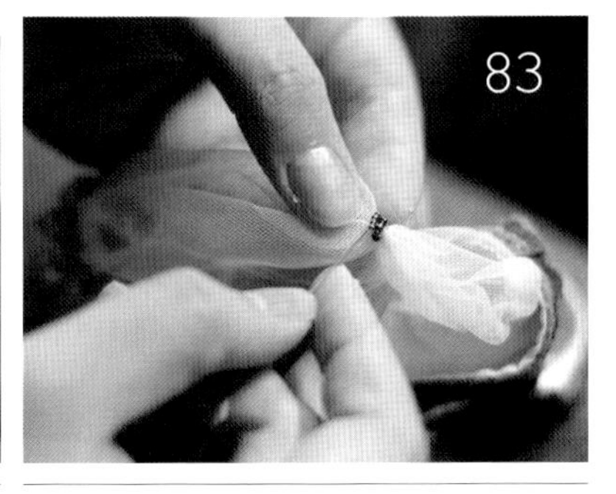

83 同时缝上米珠，作为装饰。

84 选 0.3cm 的真丝丝带来制作装饰物。可先将丝带当作线一样，穿到针上，这样制作起来更方便。穿过米珠的中间，打一个蝴蝶结。

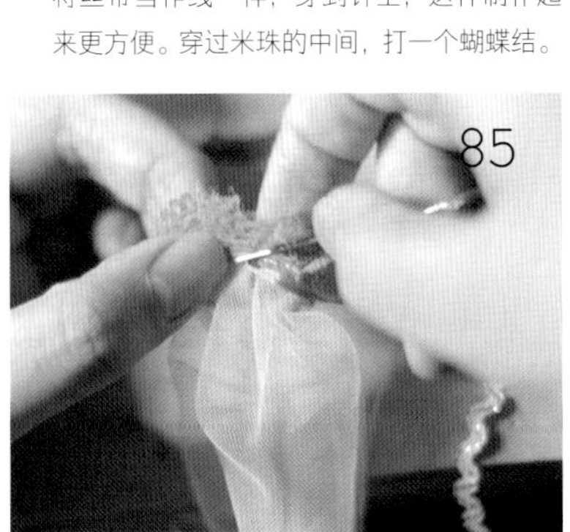

85 用同样的真丝丝带穿过袖口的橙色蕾丝花边上的孔。将丝带微微拉紧，然后打结，剪掉多余的丝带，制作成收口的效果。

86 上衣制作完成。

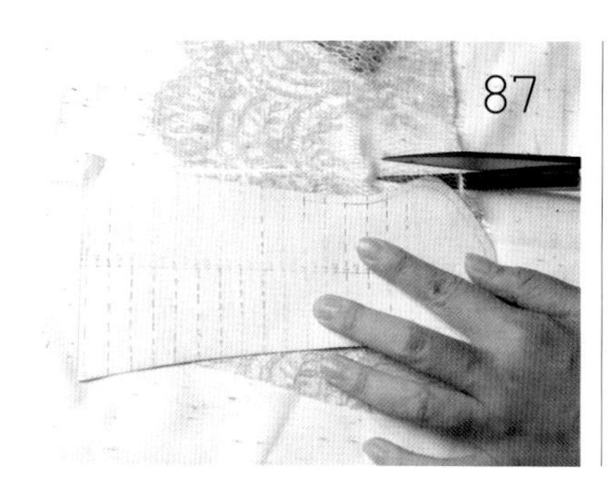

87 最后制作袜子。将宽弹力蕾丝布沿着袜子的纸板剪下。

88 对折后用缝纫机沿着边缝纫。

89 缝纫后翻过来。

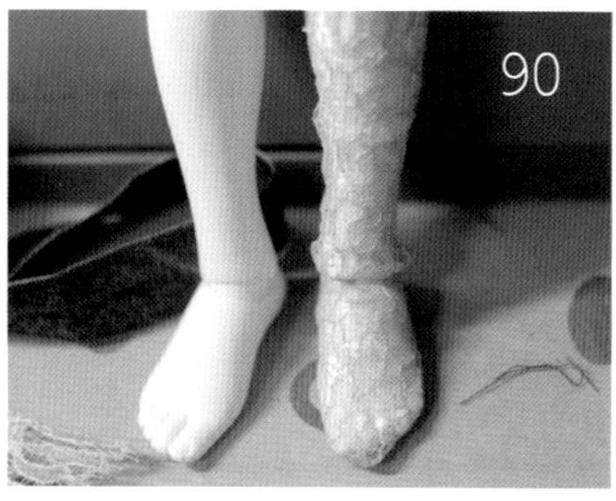

90 袜子制作完毕。

4 仙子吊带裙

美结猪属于小尺寸的 BJD 娃娃，服装比较夸张、可爱，更容易出效果。这次我们就用大蝴蝶结来提升可爱感，制作出可爱的吊带裙。

作者：Akira- 兔子
文字 / 摄影：清水 baby

蝴蝶结 ×2

腰封 ×2

蝴蝶结带子 ×1

裙摆 ×2

仙子吊带裙纸型图（美结猪尺寸）（纸型图尺寸与实物尺寸的比例是 1 ： 1）

所需材料

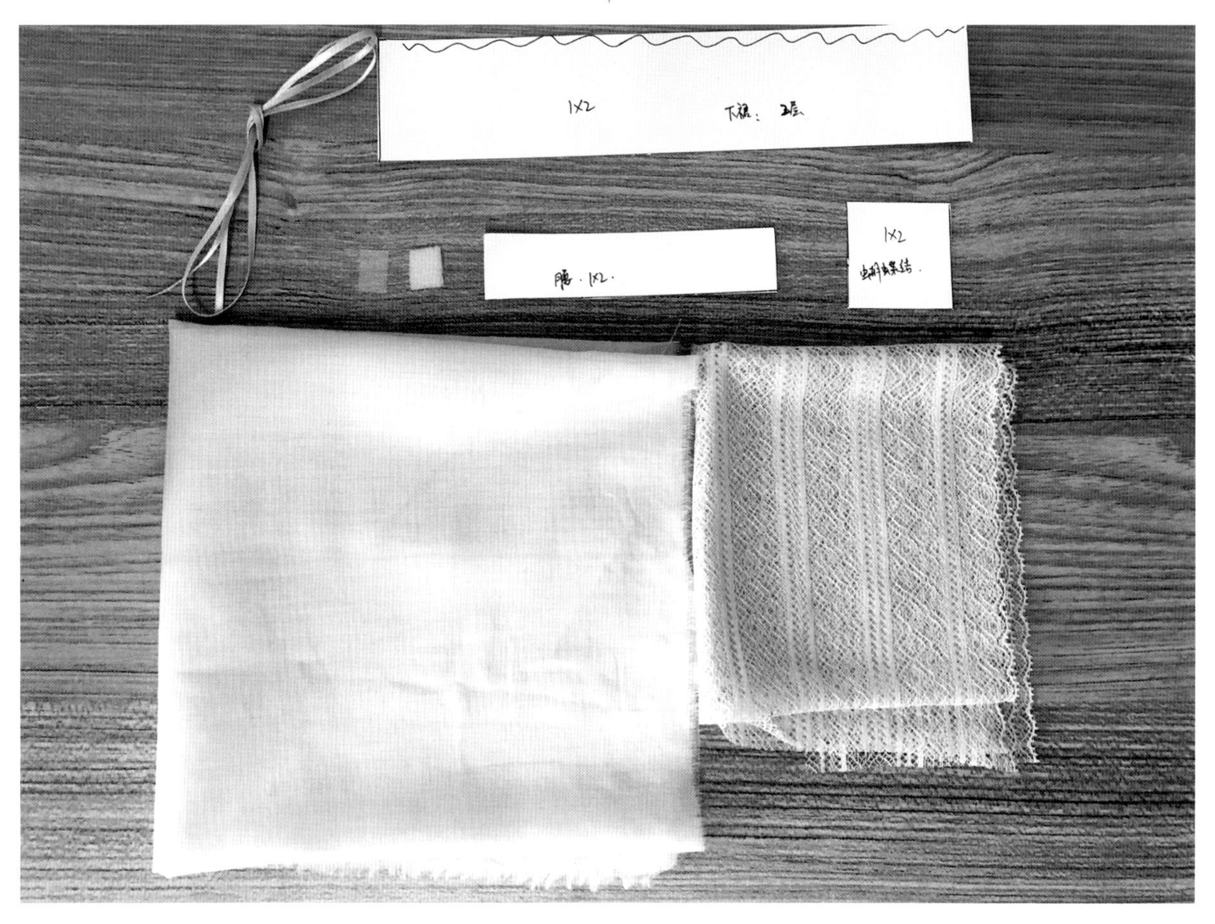

材料　　各种布、蕾丝、丝带和纸板等。

制作步骤

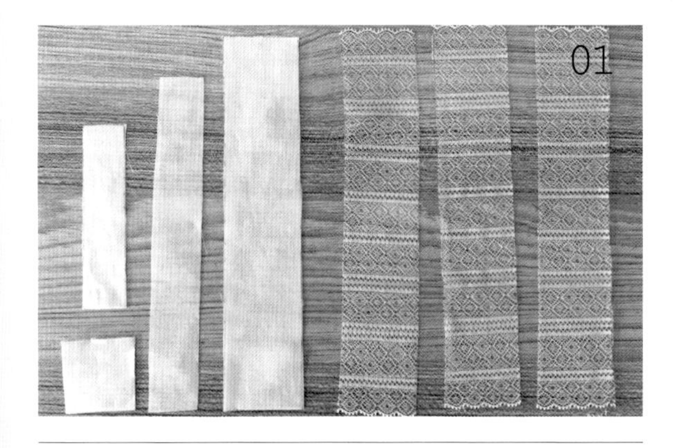

01 为了使裙子比较蓬，剪了 4 条用于缝制裙摆的布料。

02 先来做上衣吊带的部分。先将两片腰封叠放，将三边缝合。

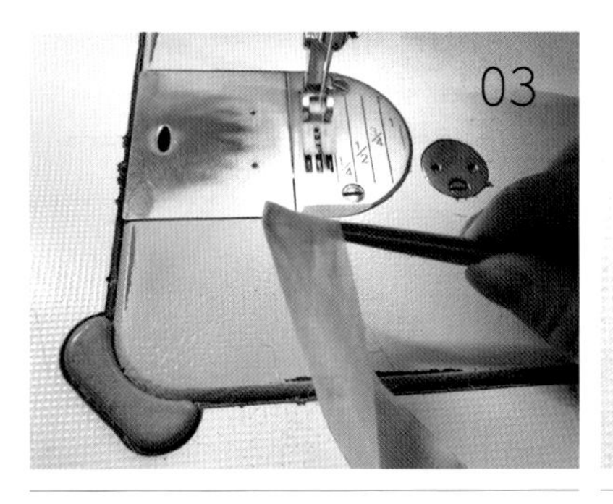

03 只留一边开口并翻转。

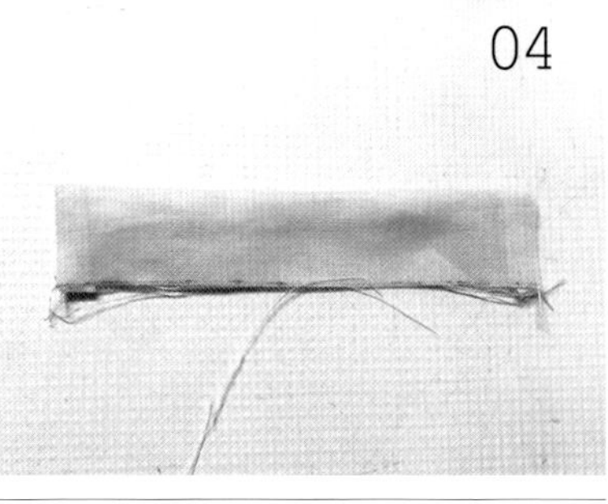

04 将正面翻过来。

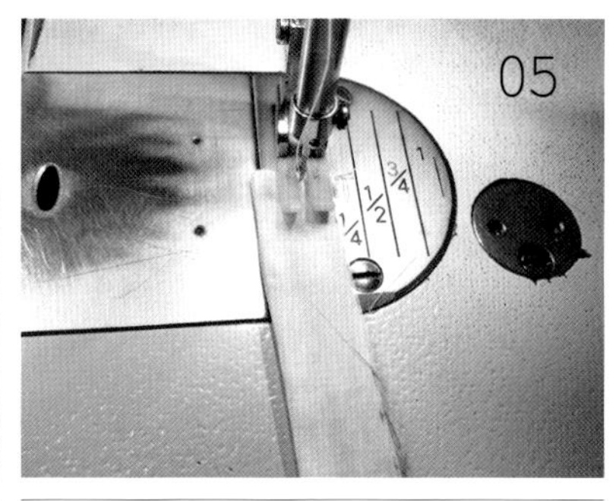

05 缝合底边，缝好后放在旁边待用。

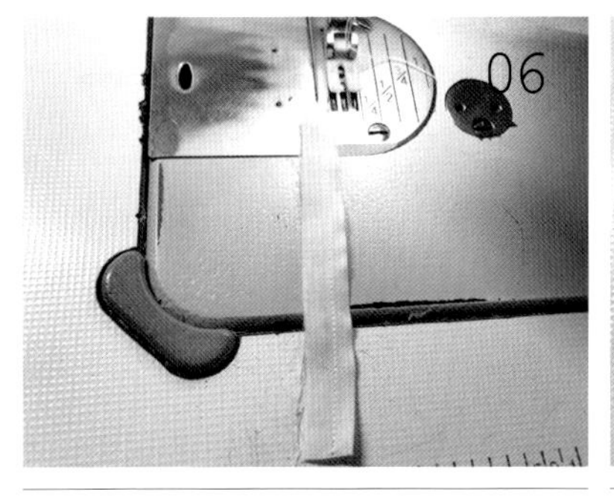

06 下面开始制作蝴蝶结的绑带。将布条对折，沿中线缝合。布条如果剪得太细，在缝合时容易跑线。一般都留出比较多的布料，在缝好后再剪掉多余的部分。

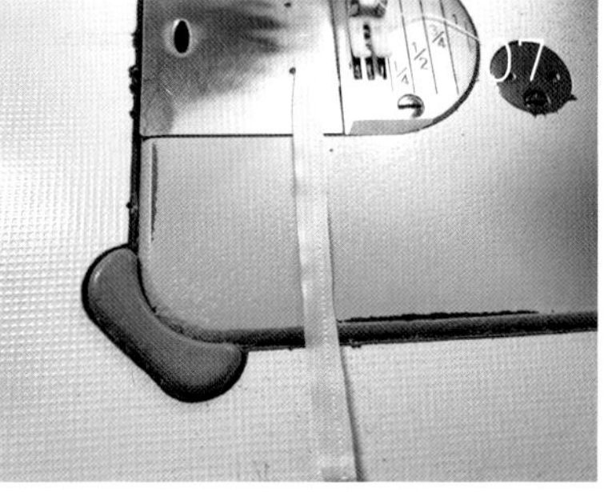

07 准备翻面。

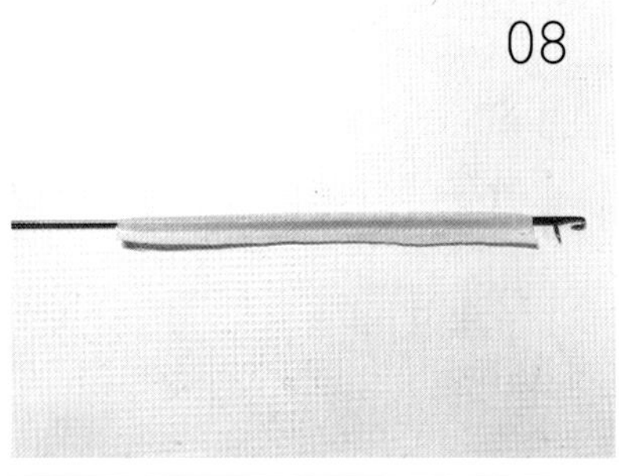

08 插入小号拉筋钩。

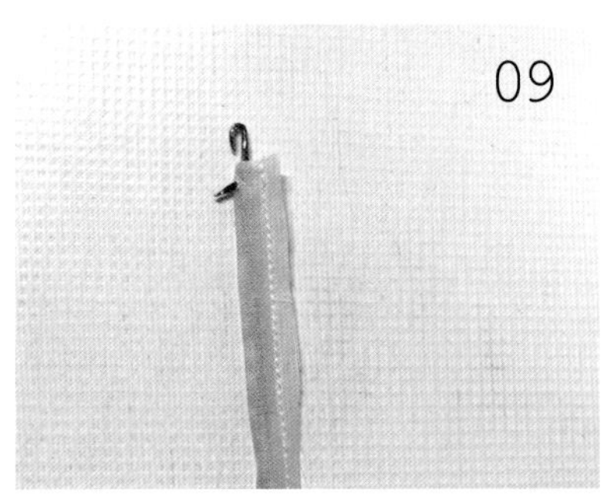

09 需要注意的是要把布穿在拉筋钩锋利的一边。这样就可以顺利钩住以便翻面。

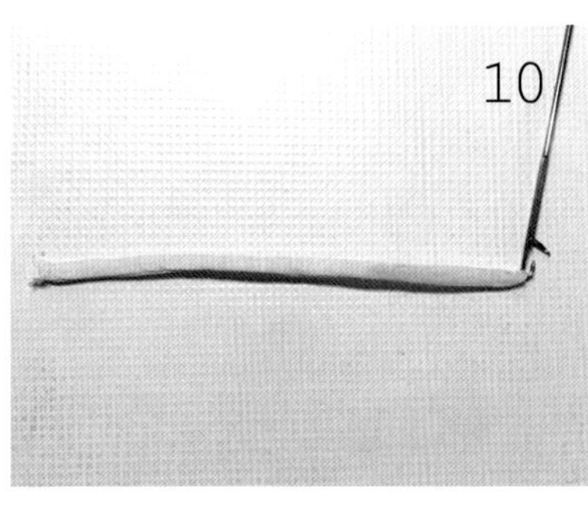

10 完全拉过来就是这个样子的，放在旁边备用。

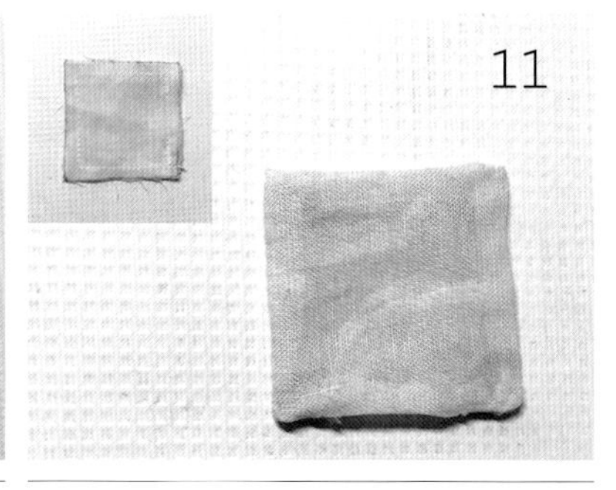

11 把做蝴蝶结的方块布料对齐，并缝合四周。注意要留一个 1cm 左右的翻面口。翻面后，再缝合 1cm 的口。

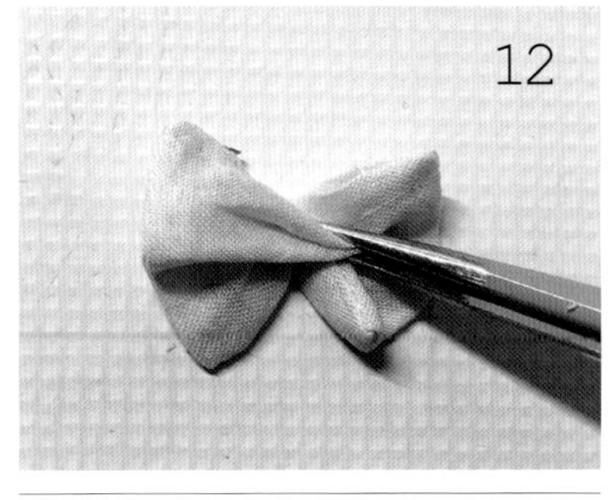

12 用镊子把布料夹成蝴蝶结的形状。

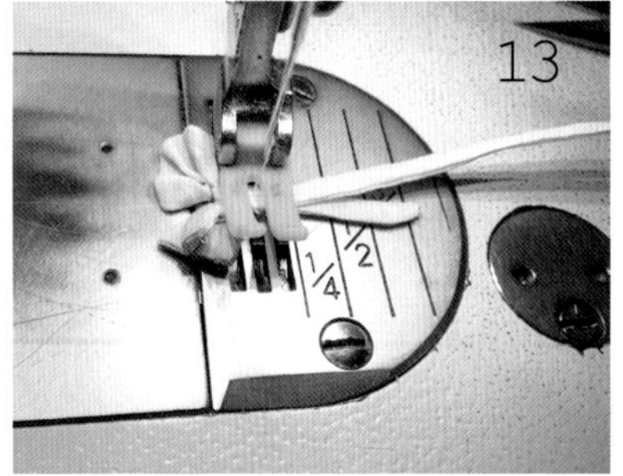

13 用刚才缝好的蝴蝶结带子绑住蝴蝶结并缝合。此时可以根据自己的喜好，留出蝴蝶结绑带的长度。

14 这一款我觉得还是不要有飘带的好，于是我在后期把带子剪掉了。

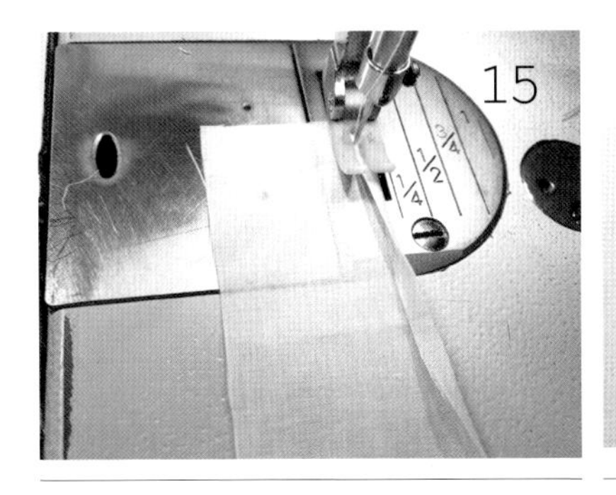

15 现在开始缝合裙摆的内层。将裙摆的三边叠两折，然后缝合。

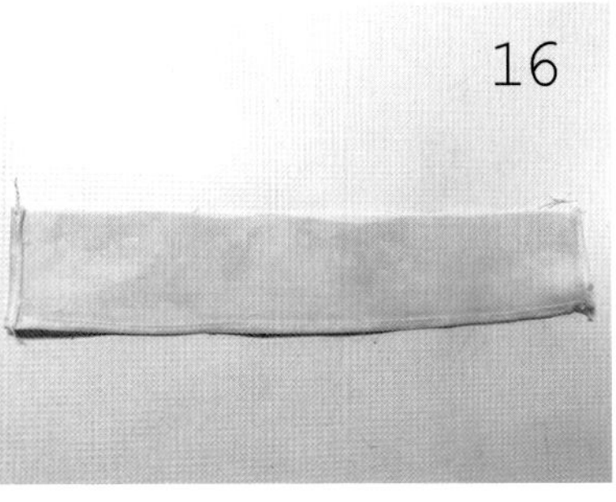

16 裙摆的内层缝合好了。

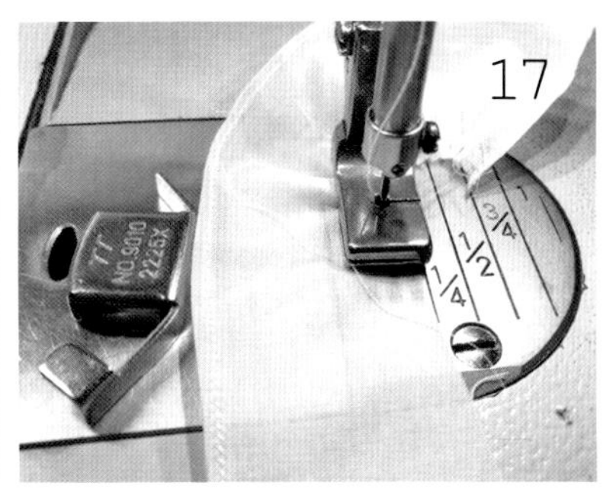

17 换上抽褶压脚，将裙摆抽褶。

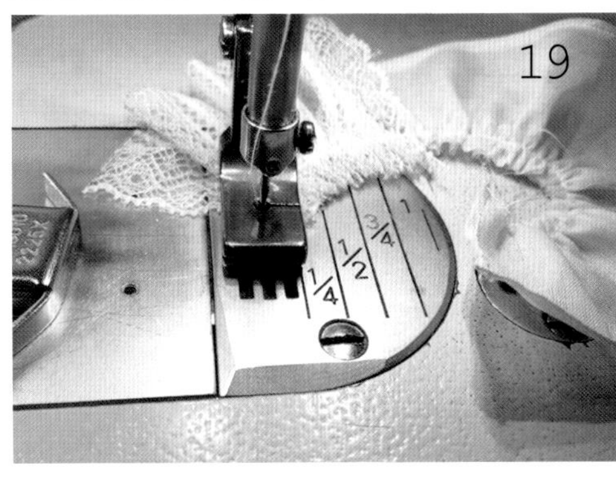

18 继续抽褶蕾丝，可以不用断线。

19 喜欢更蓬一些的朋友可以再多将一层蕾丝抽褶。

20 这是抽褶后的裙摆内层和外层。

21 将两层裙摆缝好。

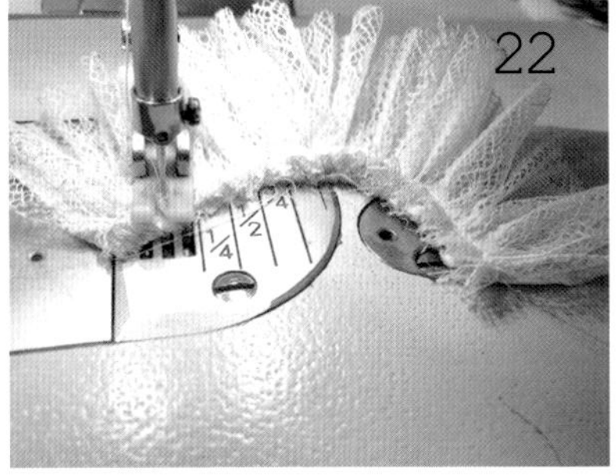

22 缝好后，记得反复在扎一下，以免蕾丝的抽褶脱开。

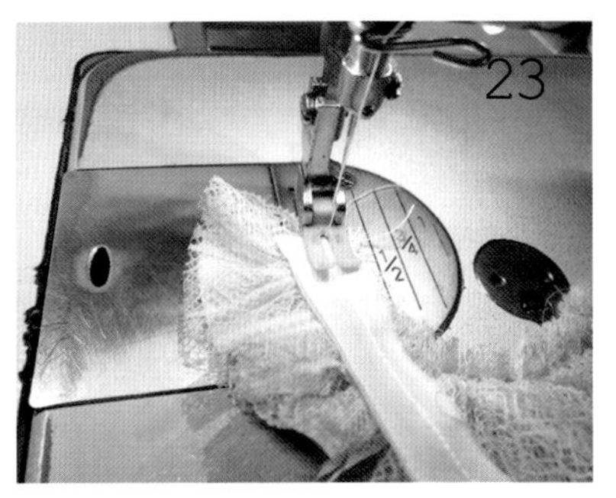

23 将之前缝好的腰封部分与裙摆缝合。

24 缝合后发现线头有点多，可以用小剪子修剪，适当涂上封边液。

25 修整后的效果。

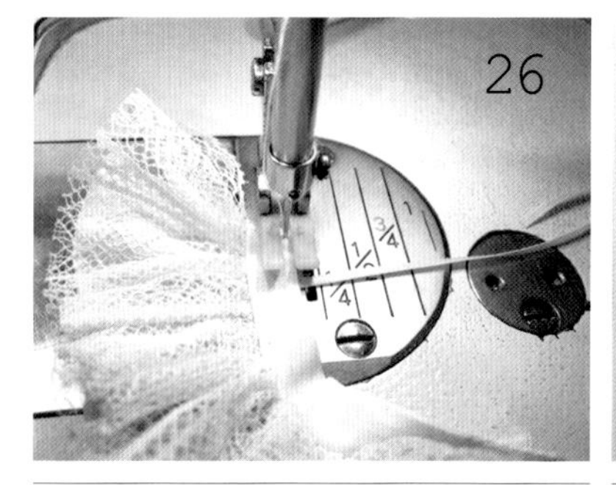

26 缝上丝带作为吊带。此时如果缝两根，就是系脖款，如果缝 4 根，就是肩带上系蝴蝶结。

27 缝好后的效果。

CHAPTER 4

第四章 华丽首饰

1 洛可可式珍珠项链

大家好，我是蓝月。很高兴可以在这里与大家一起分享手工制作过程，希望可以给大家带来灵感，一起为娃娃创作美好的饰品。

本次与大家分享的是娃用双层珍珠项链的制作。珍珠制作的饰品可以将娃娃的服装映衬得更加华丽，所以最近我制作的服装都喜欢增加珍珠项链来点缀，你们也可以尝试一下。

作者：蓝月

所需材料与工具

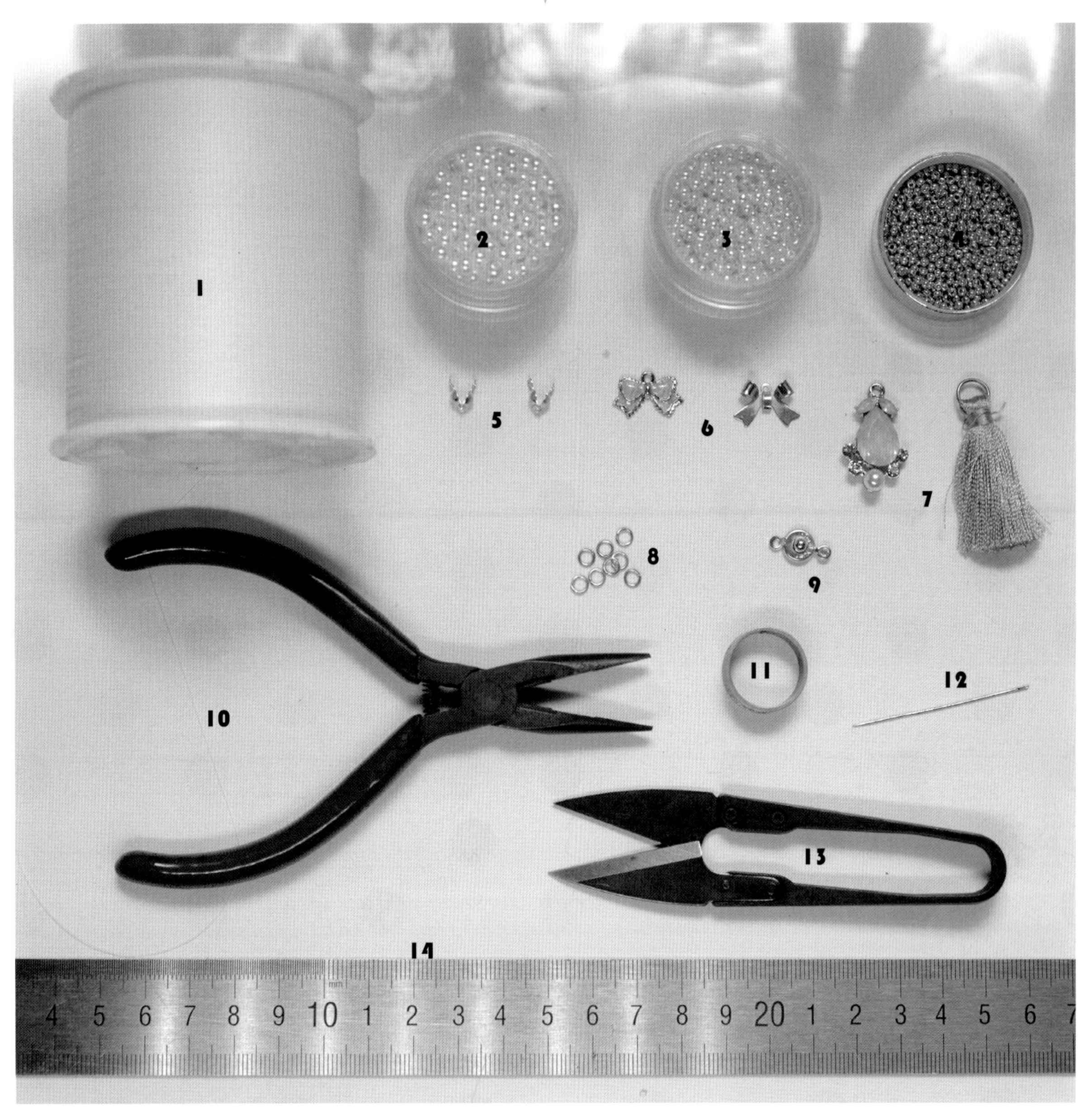

材料与工具

1. 坚韧不容易断的尼龙线
2. 珍珠（大一号）
3. 珍珠（小一号）
4. TOHO 金色米珠
5. 金属双头包扣
6. 蝴蝶结吊坠饰品
7. 吊饰和细线流苏
8. 金色开口环
9. 金色扁圆按扣
10. 尖嘴钳
11. 开口环戒指
12. 串珠针
13. 线剪
14. 钢尺

制作步骤

01 先设计这次要做的项链，并画出草图。因为是给四分娃用的，所以我们可以在草稿本上按照 1 ： 1 的比例来画。设计好具体的长度，在制作的时候就可以边做边对比了。

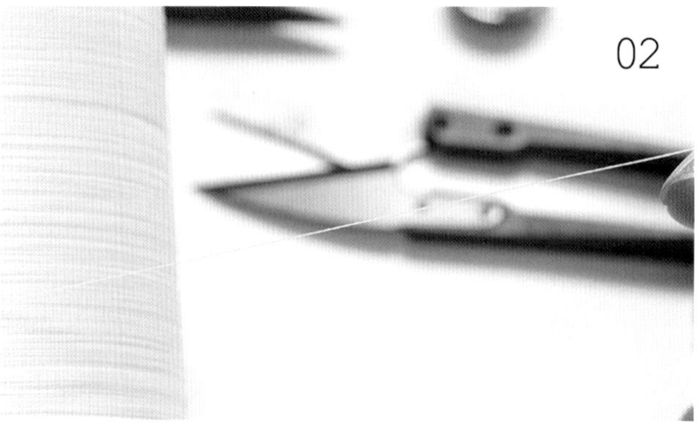

02 串珠用的线要选择韧性比较强的尼龙线，这种线非常坚韧。就算十分用力也不会拉断，但是它又很细，可以穿过珠孔非常小的珠子。

03

03 这次项链制作中会用到这三种直径的珍珠及米珠。米珠使用的是进口的 TOHO 牌的金色米珠。进口珠的好处是每一粒都一样大小，十分均匀。

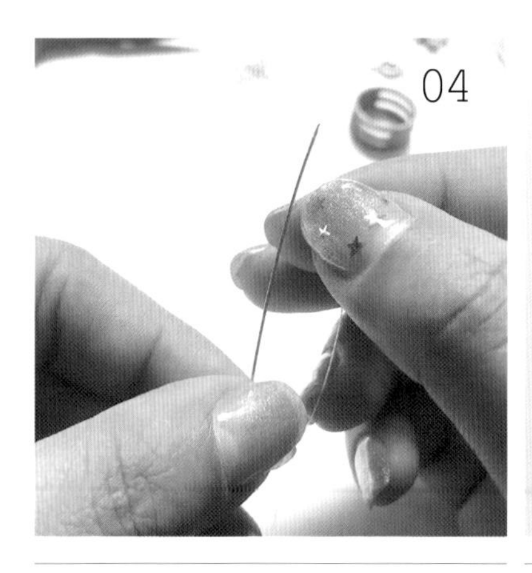

04 首先将细尼龙线穿过串珠针的尾部并打结。

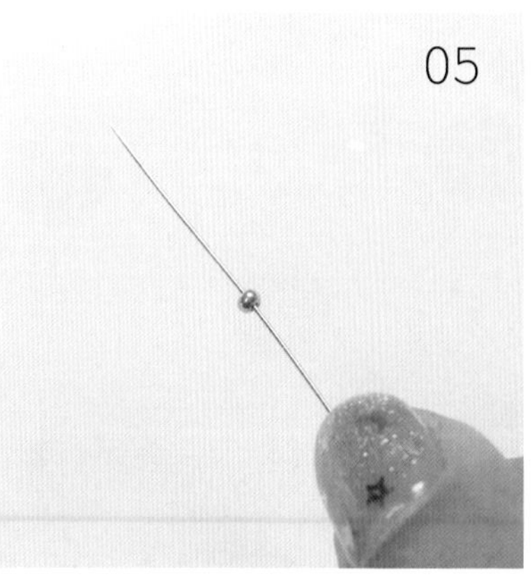

05 然后开始穿第一颗 TOHO 金色米珠。

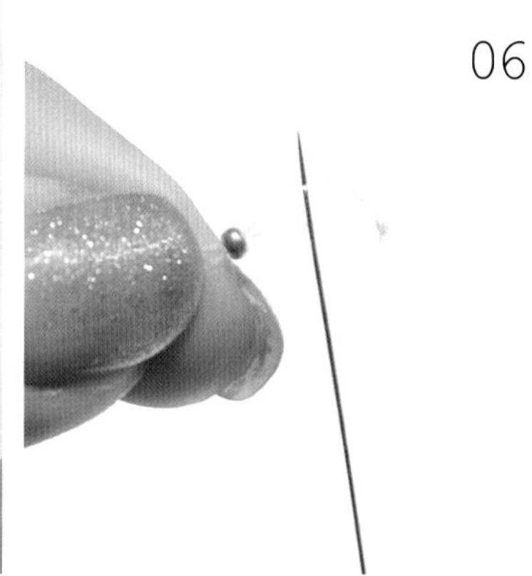

06 注意珠子即将到线的尾部时，用针在两根线当中穿过并拉紧，再在金珠上打一个活结。

07 这种配件叫双头金属包扣。鼓起的地方可以包住金珠，两头的圈圈是用来穿环成作搭扣用的。

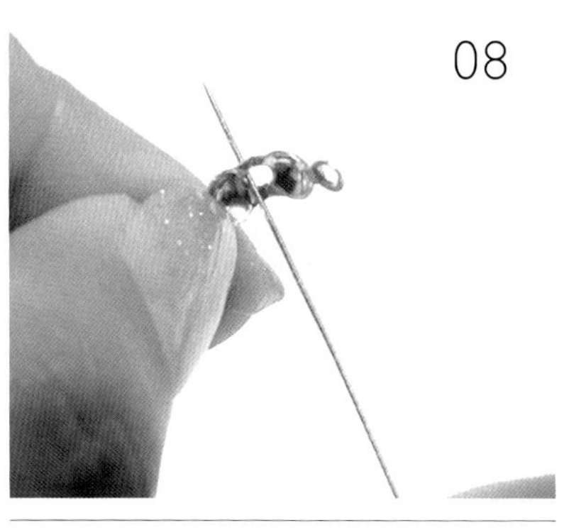

08 将金属包扣倒过来，用针穿过。

09 拉到底部后金珠会卡在中间的洞上面，穿不过去。

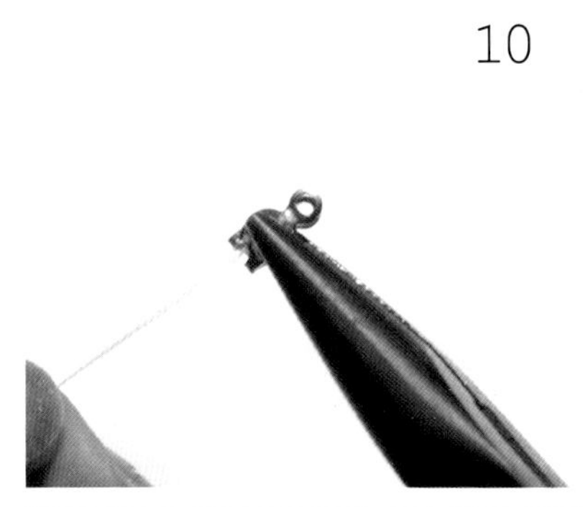

10 用尖嘴钳将双头包扣捏紧。如果双头包扣质地较软，用手也可以捏紧。这样，金珠和线就卡在里面不会掉出来了。接下来我们可以继续穿珠。

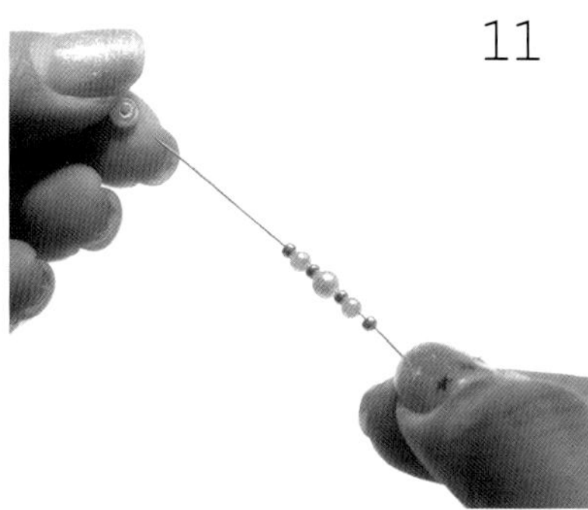

11 先制作内圈项链。根据我们的设计，按一颗小号珍珠、一颗米珠、一颗大号珍珠、一颗米珠的顺序，用串珠针穿好。

12 拉到底，将会发现这些珠子非常巧妙地被双头包扣卡住了，不会滑落出来。按照这样的顺序，一直穿到设计的长度。

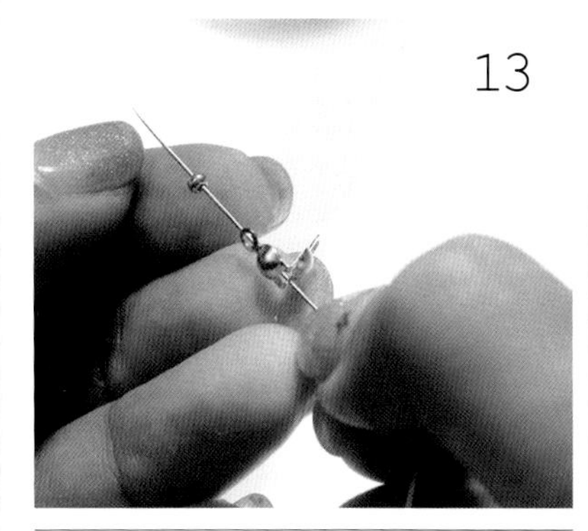

13 到达设计的长度后，先穿一个双头包扣。请注意这时候双头包扣要和开始的那一个双头包扣方向相反，是朝上穿过串珠针的。然后再穿一个 TOHO 金色米珠。

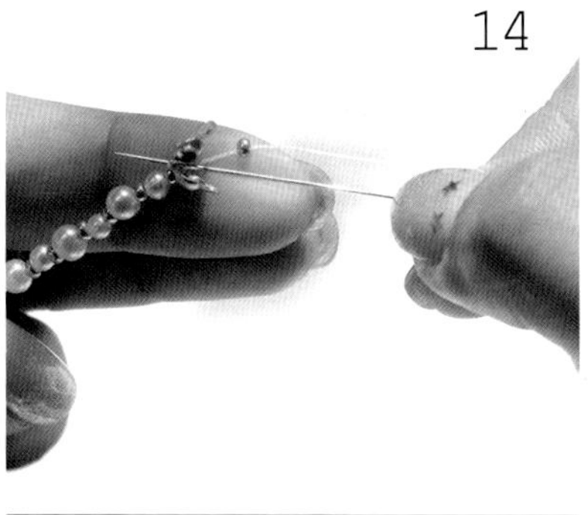

14 金珠快到底的时候将针反过来，再从双头包扣中间的洞穿出。

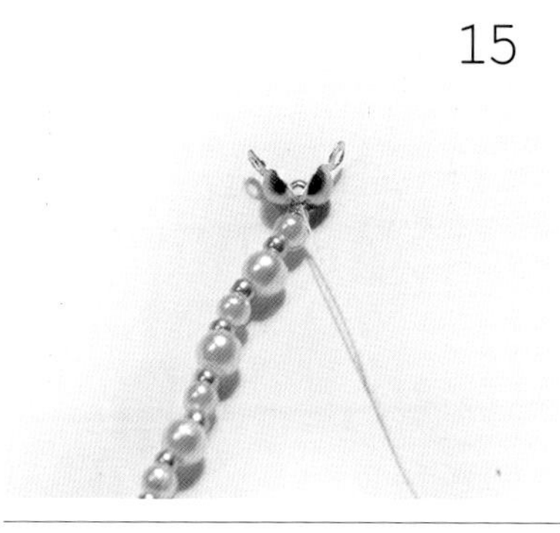

15 拉紧线后金珠就会卡在双头包扣中了，然后继续穿外圈项链。

16 外圈项链的制作方式与制作内圈项链的方式是一样的。穿到一开始设计的长度即可。

17 可以用尺子量一下，串到需要的长度。

18 将捏紧的包扣打开，用细针将外圈项链上的线从双头包扣中间金色米珠的洞里穿过去。

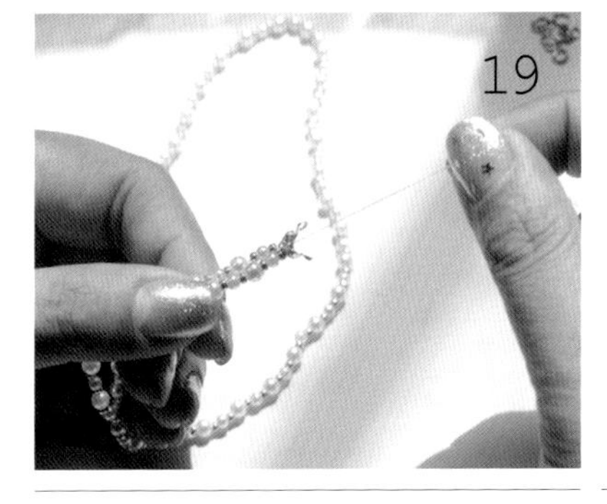

19 将线拉紧并打结，这里需要多打几圈，以确保结头够大，不会从金珠中间的孔拉出来。

20 再将双头包扣捏紧，项链的大致形状已经做好了。

21 根据设计，项链上需要挂一些装饰物。我使用的是开口圈辅助工具——开口环戒指。

22 用尖嘴钳捏住开口圈后，将其插入这个戒指的缝隙里，反方向一掰，开口环就打开了。

23 将打开后的开口圈挂在项链最中间珍珠的孔里。

24 将准备好的挂饰挂在开口圈里，捏紧开口圈。

25 用同样的方法，将蝴蝶结吊坠挂在内圈项链的中间。

26 内外圈项链中间的挂饰都已经挂好。

27 用开口环戒指将另外两个开口圈打开，在项链的两侧挂上吊坠。

28 选取两个对称的饰品，用同样的方法将其挂上。

29 用另一个开口圈穿过双头包扣的环，准备制作项链的搭扣。

30 挂上扁圆按扣，另外一边也用同样的方法穿上一个开口圈。

31 项链就制作完成了。让我们看看戴在娃娃身上的效果吧。

作者：清水 baby

2 水之韵梦幻项链

所需材料与工具

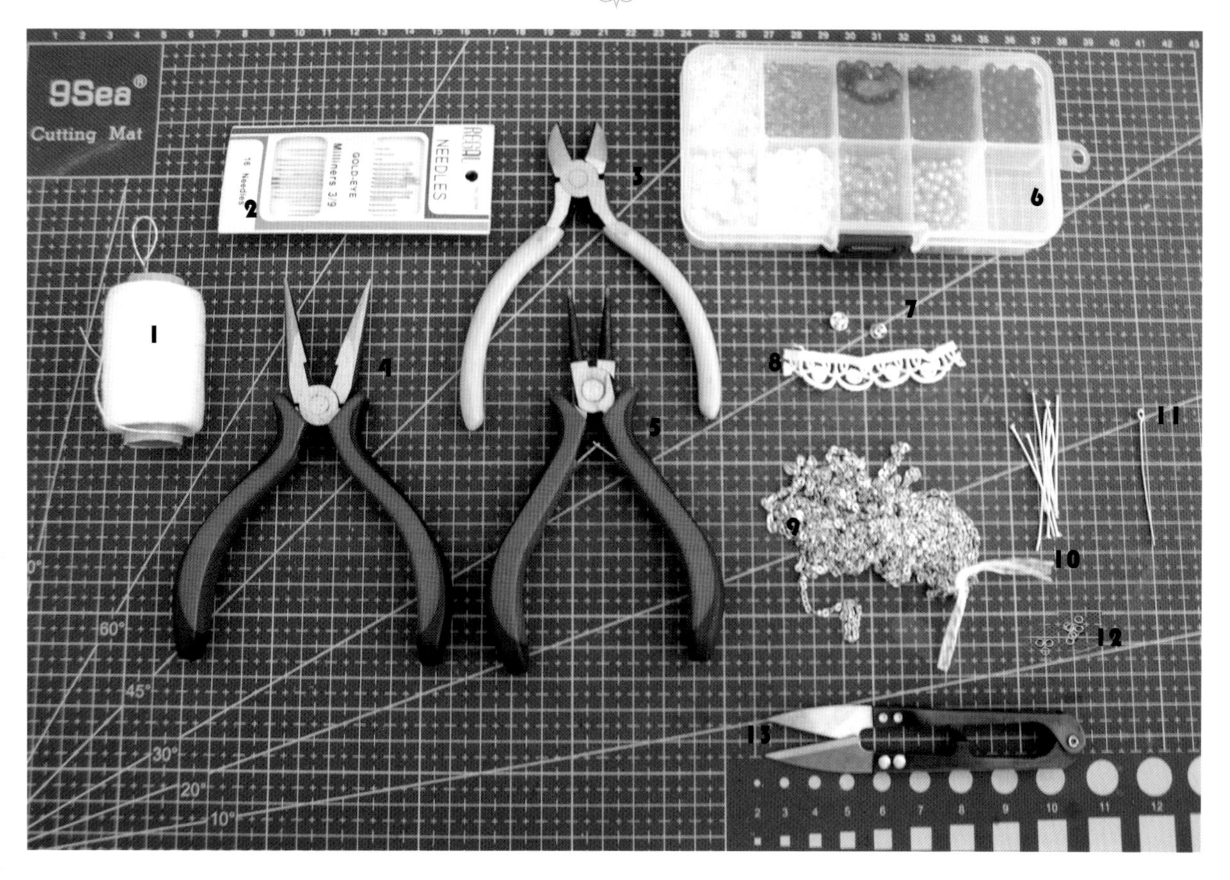

材料与工具

1. 缝纫线
2. 针
3. 刀口钳子
4. 齿口钳子
5. 圆头钳子
6. 各式珠子
7. 按扣
8. 蕾丝
9. 银色珠链
10.T 针
11.9 针
12. 连接环若干
13. 小剪刀

穿珠子的方法

01 将银色珠链剪到合适的长度。

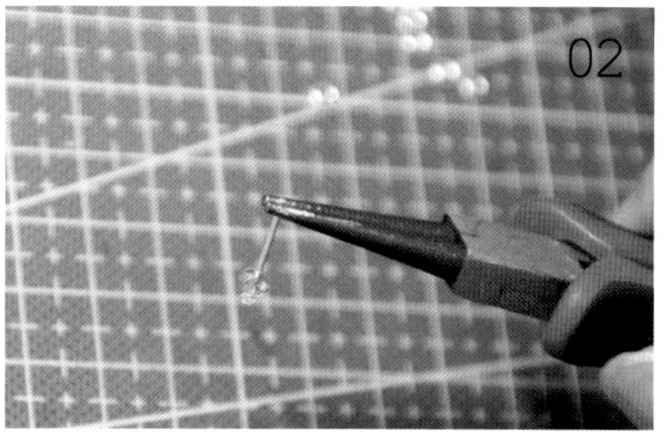

02 将珠子穿到 T 针或 9 针上，然后用圆头钳夹住针尾。

制作步骤

03 将针尾轻轻弯成圆形，留个小口以便挂在要连接的地方，这样就可以了。

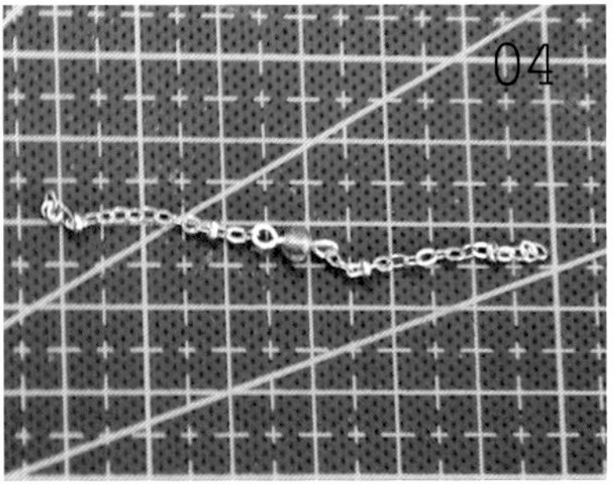

04 然后，先用 9 针穿一个蓝珠，将其连接在剪好的银色链子上。

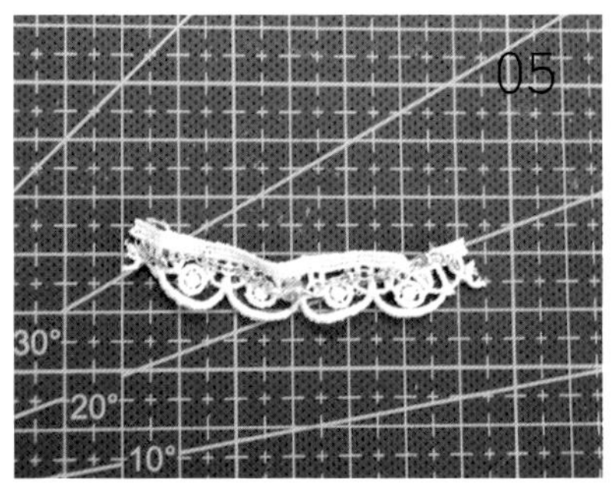

05 放在蕾丝上面，确定珠子是不是在中间、长度够不够。

06 用白线将链子与白色蕾丝的一端缝在一起。

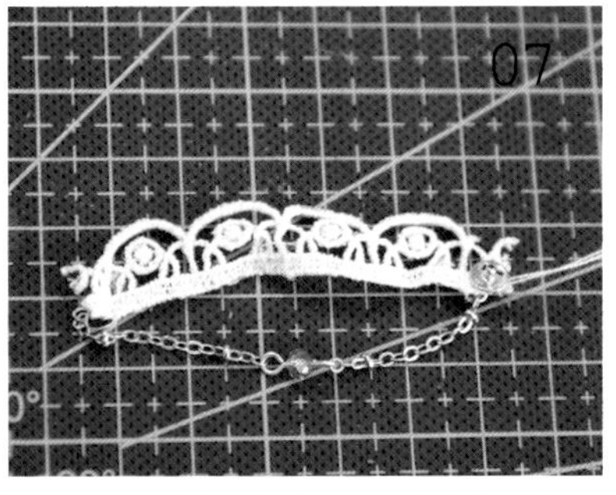

07 不用断线，将扣子缝到蕾丝的一端。

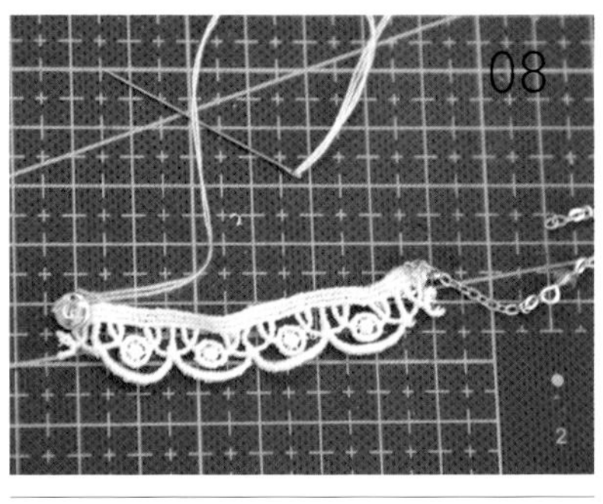

08 可以在另一边先缝扣子。注意不要将两颗扣子缝在同一面。

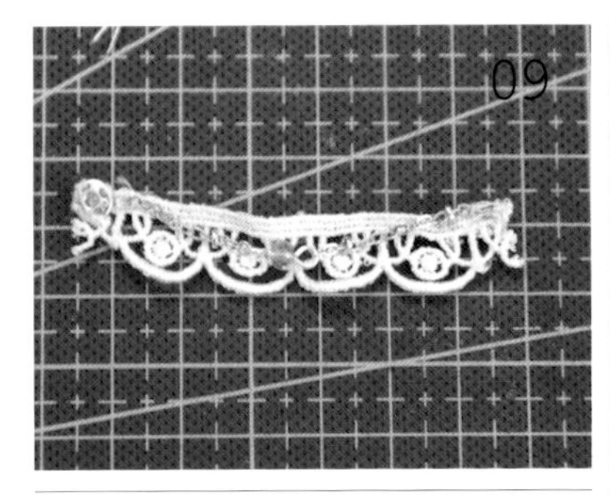

09 然后将链子与蕾丝也缝在一起。

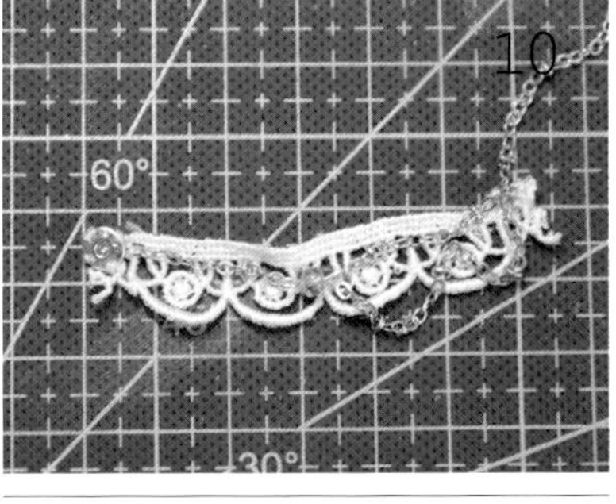

10 简单款的话，到这里就结束了，但是我们今天想让它更华丽一些，因此将链子比一下，测量出下垂部分的长短。

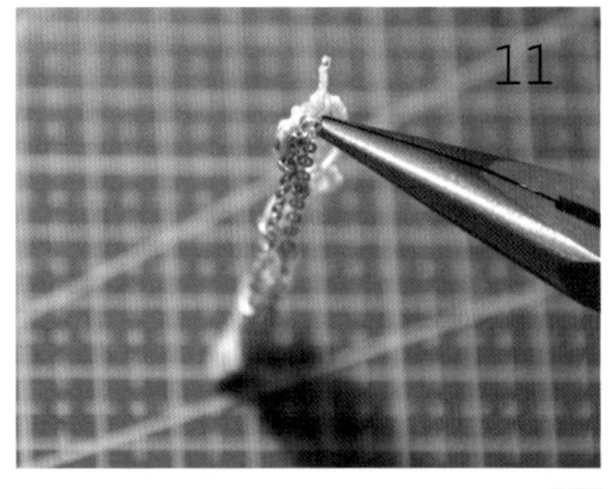

11 将连接环穿在铁链上。

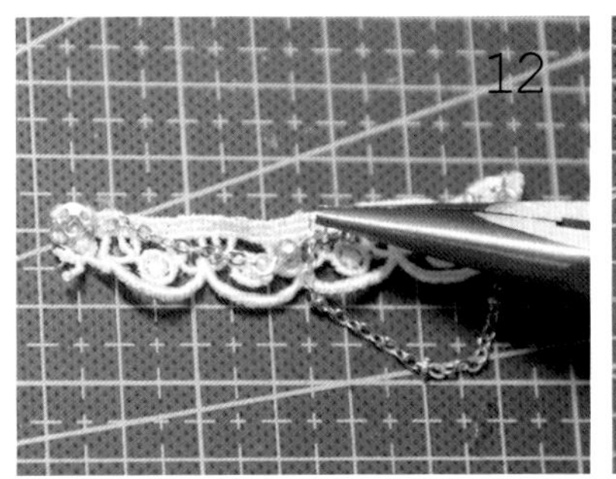

12 与之前做好的部分相连接，然后用钳子将连接环的开口夹死。

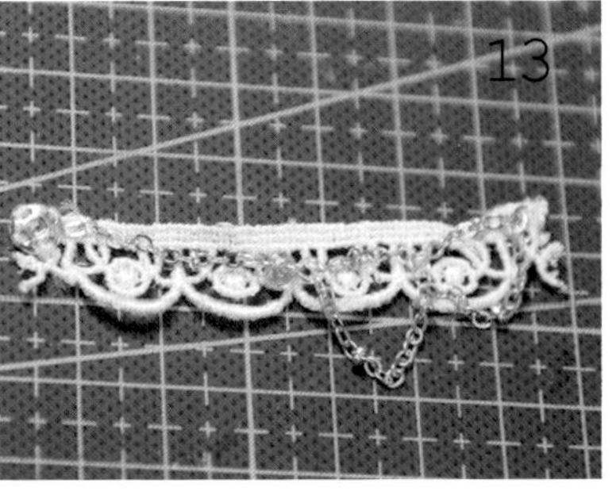

13 用三个连接环将新的链子与之前的铁链连接。

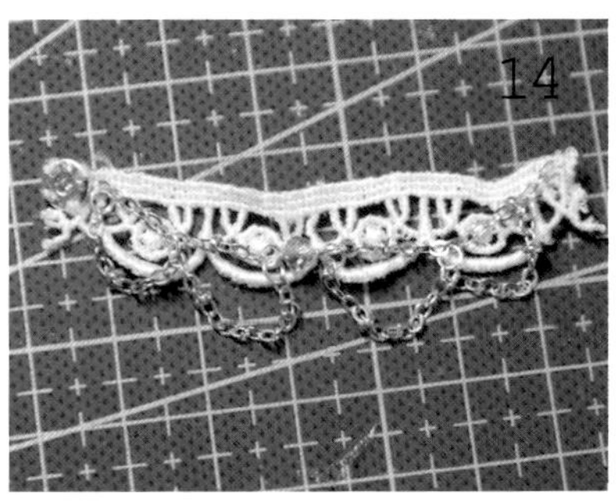

14 左侧用同样的方法做好。

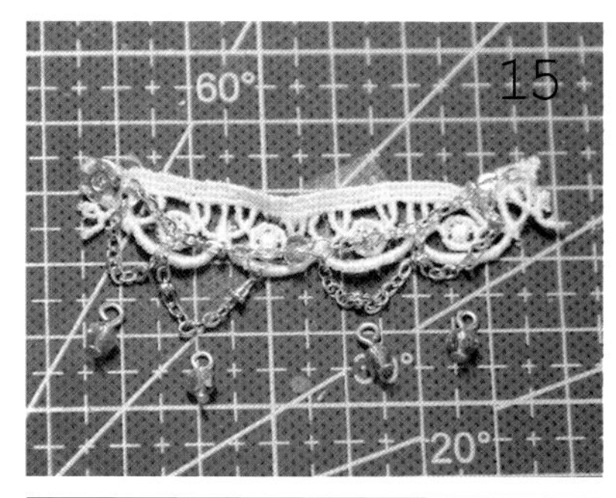

15 将四个蓝色水晶珠穿到 T 针上，挂到链子上，注意确保水晶珠在链子中间的部分。

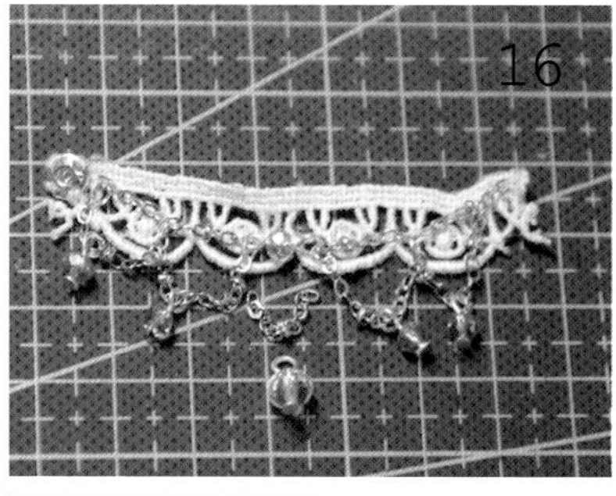

16 感觉中间有点空，我又额外增加了一颗稍大的白色水晶珠。

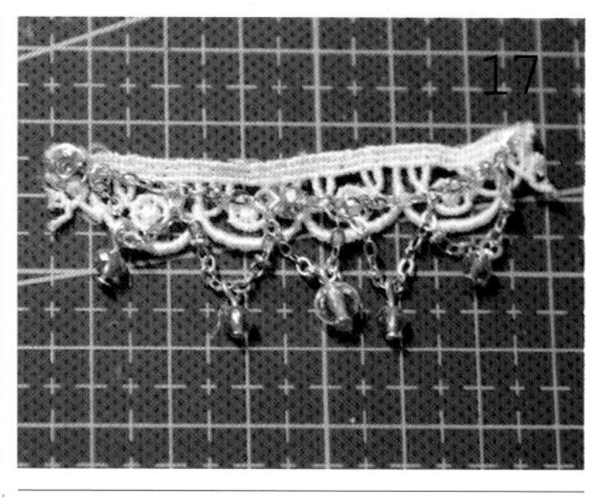

17 这样就制作完成了。

效果图

3 巴洛克式奢华皇冠

妆师：叉叉子
作者：丢丢银子

喜欢手作的丢丢银子这次给大家带来了超级简单的“小皇冠”教程。只需十步你就可拥有高端、大气、上档次的小皇冠！自己动手丰衣足食，赶快帮心爱的娃娃们装扮起来吧！

所需材料与工具

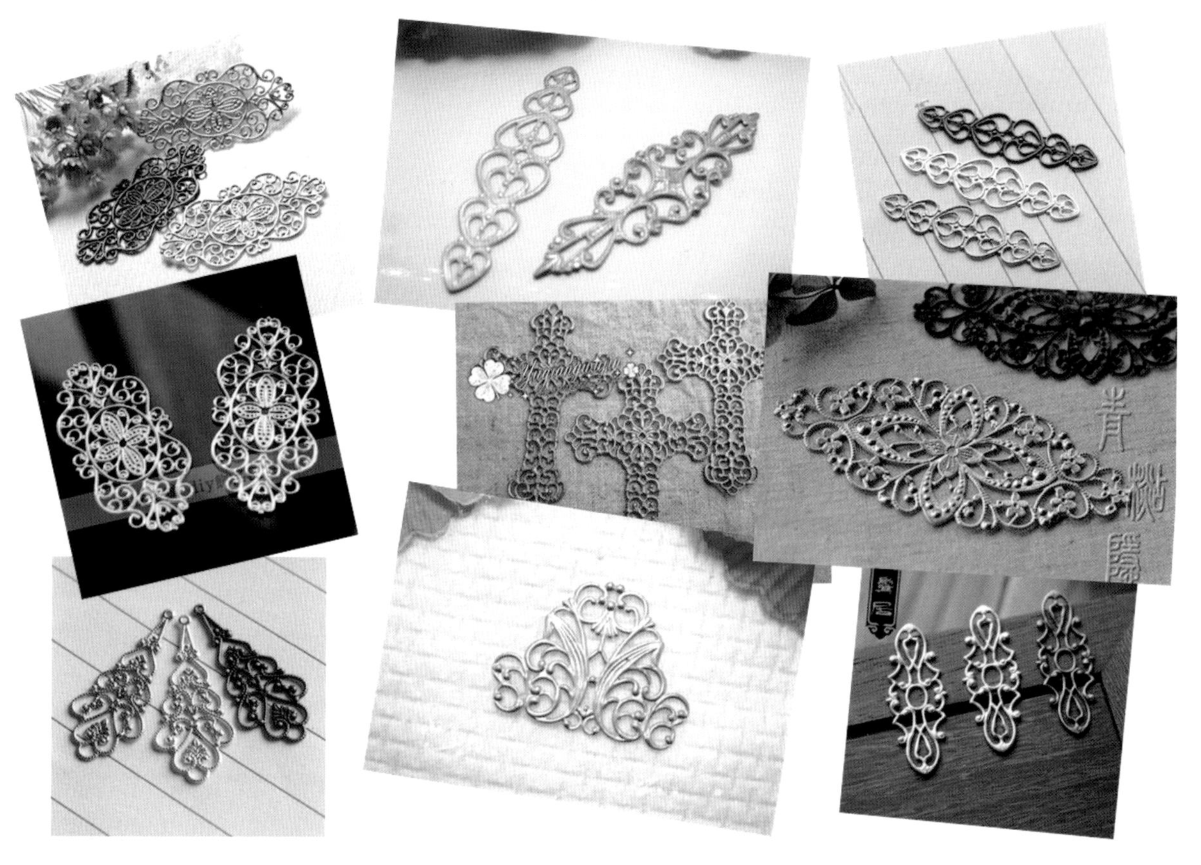

材料与工具

铜花片：在网上可以搜索到很多款式，但能做底围的可能不太多。大家可以根据喜好来选用。

钳子：必备品。

铜丝：案例中用的是直径为0.3mm的铜丝，直径为 0.25mm 的铜丝也可以。

按照图示备齐所有的东西。铜花片的数量不是固定的，要根据娃娃的头围来增减。教程中以小布的为准——底围用 6 个花片制作出的皇冠有点小，8 个会直接变成项圈，7 个则是刚刚好。其他娃娃请根据头围的大小来增减。

制作步骤

01 先把铜丝剪成小段备用，长度随意。

02 将两个花片连接在一起，先连接一端。用铜丝缠绕 2 到 3 圈。

03 缠绕之后将它们扭在一起。

04 将多余的铜丝剪断，将铜丝尾部向里卡入铜片中，压平。

05 另一端也如此操作，这样两片就连接在一起了！

06 用与步骤 02 到步骤 05 同样的方法将余下的花片连接起来。

07 然后连接大花片，按步骤 03 将它们连在一起。大花片的位置可根据自己的喜好摆放。

08 将 6 个都安好。

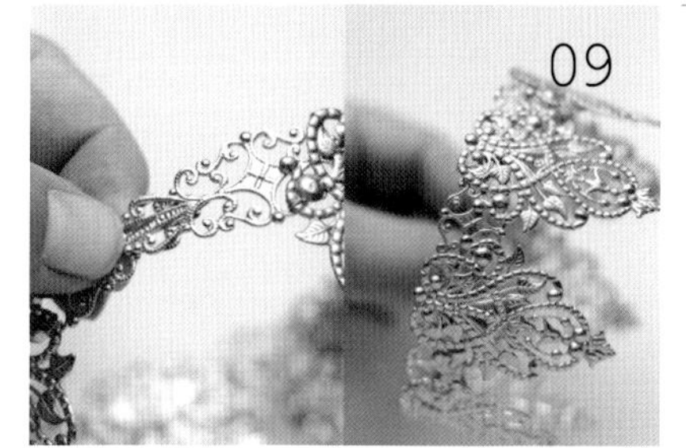

09 现在用第 7 个大花片将皇冠首尾相连。制作完成！

10 你学会了吗？别忘了还可以贴上自己喜欢的钻，加油！

CHAPTER 5

第五章 搭配小物

复古时尚工装靴

作者：Cookie Li

所需材料与工具

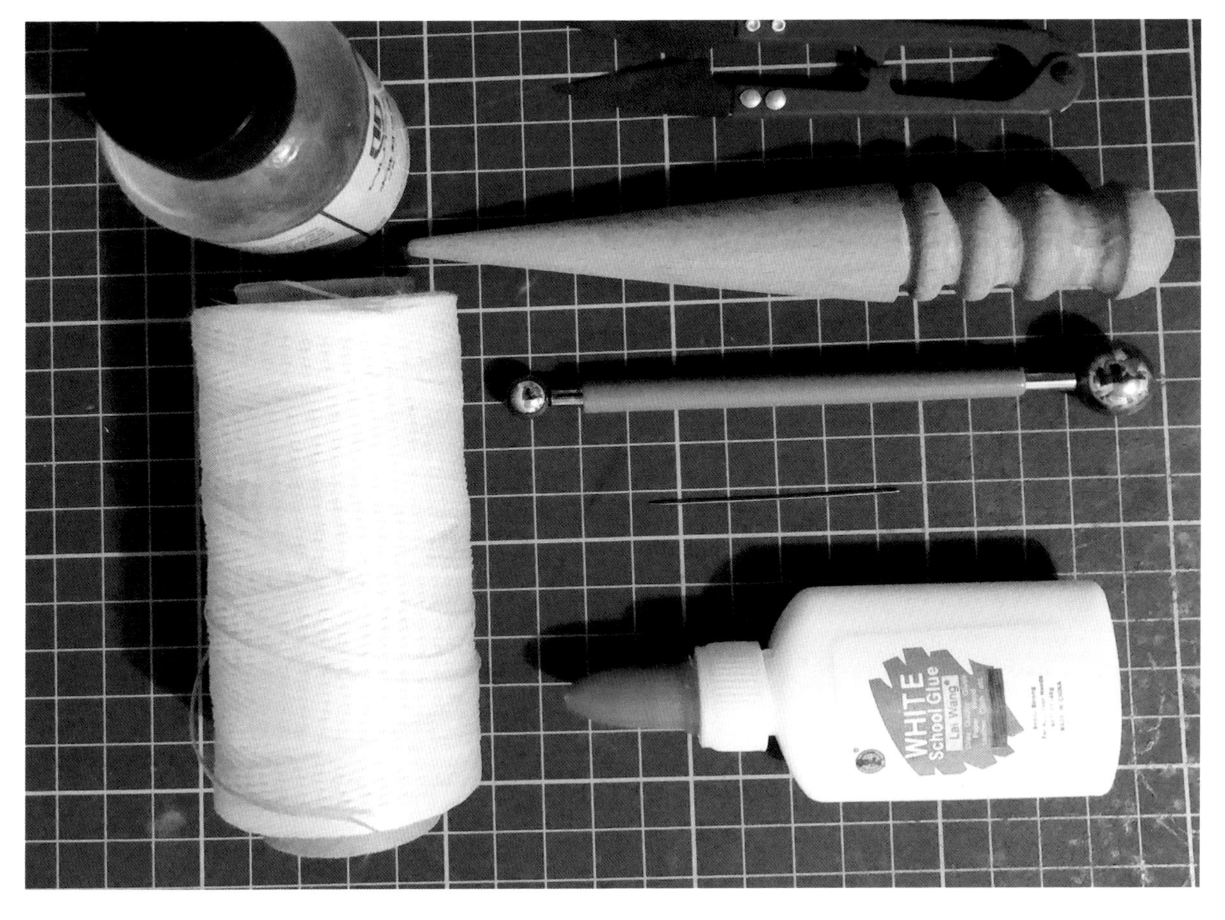

材料与工具　　植鞣革、蜡线、皮革圆头针、塑形棒、皮革胶和皮革封边液等。

纸型图

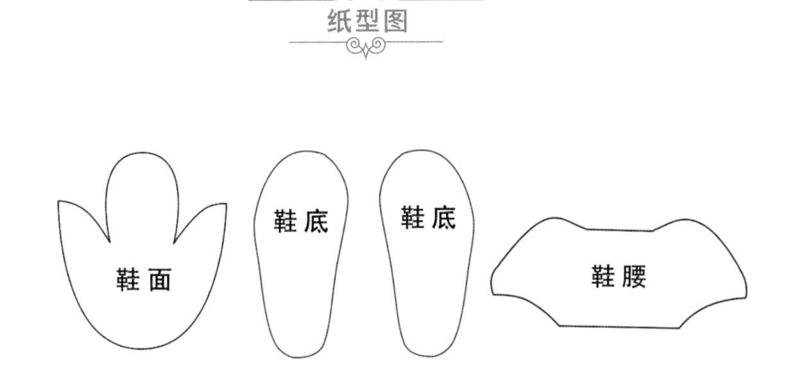

复古时尚工装靴纸型图

（美结猪尺寸）（纸型图尺寸与实物尺寸的比例是 1 ∶ 1）

制作步骤

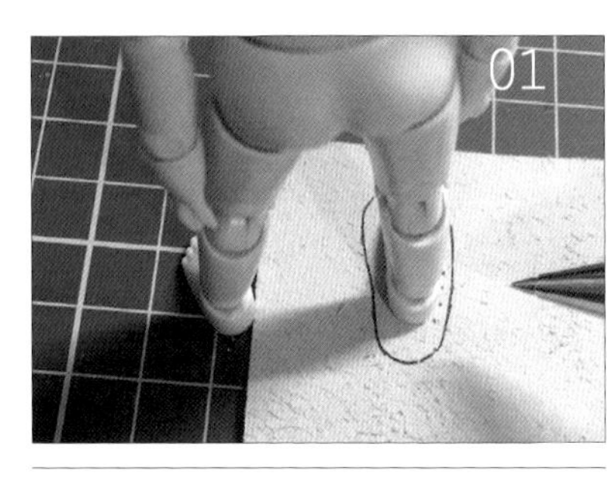

01 根据不同的娃娃尺寸打版。为了保证适合自己的娃娃的尺寸，请注意鞋底要大于娃娃的脚，沿着娃的脚来打孔，预备之后缝合。

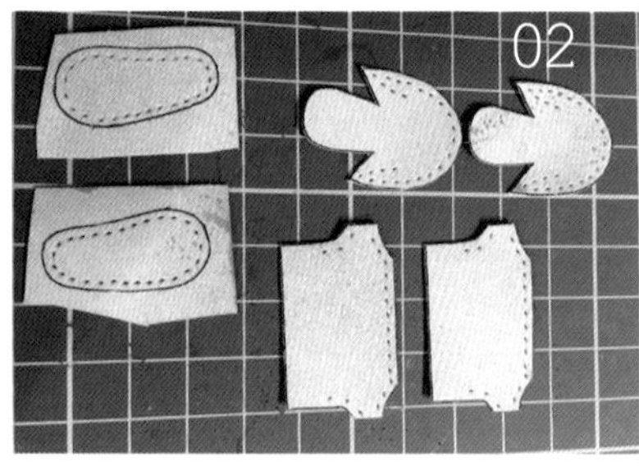

02 打完版后开始裁剪。大致如图所示，请根据自己的娃娃的具体情况来剪裁。

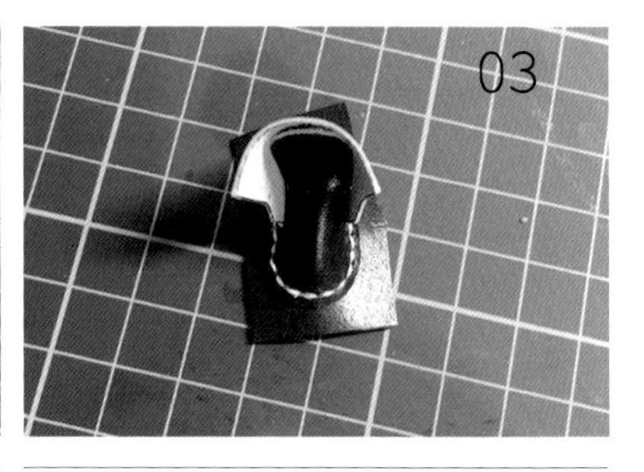

03 开始缝合，缝合需要的工具是蜡线和皮革圆头针。沿着打出来的孔缝合，后跟不要完全缝合，留一点空间用来塑形。

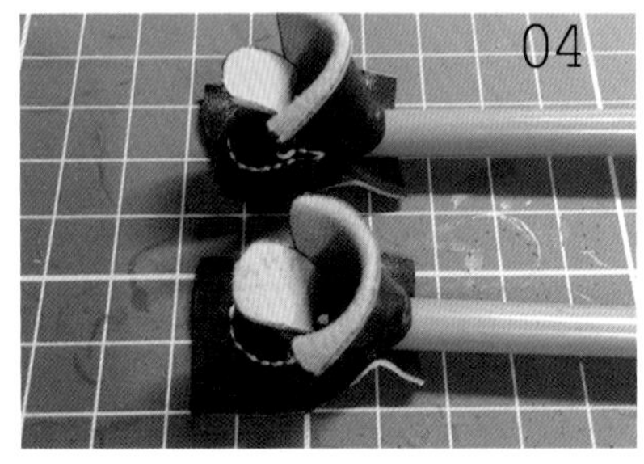

04 缝合完毕后，用塑形棒开始塑形。从刚才留的缝隙里把塑形棒插入，然后把鞋子泡在冷水中，浸泡 30 秒。

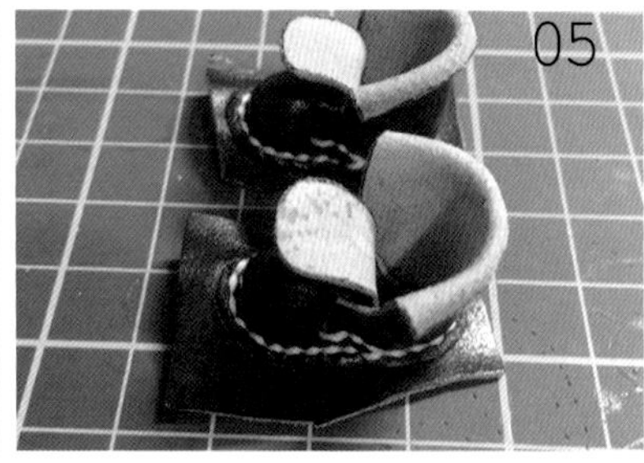

05 塑形之后可以看出鞋头已经是很可爱的圆形了，耐心等待鞋子晾干，然后开始缝合后跟。

06 塑好形之后，按照喜好和需求开始裁剪边角，休整一下具体的形状。为了不在鞋底露针孔，把另一个鞋底用皮革胶贴好。

07

07 等干后，修饰鞋边，打磨并涂上皮革封边液。

08

08 娃鞋便制作完成了。

完工了！

英伦网纱小礼帽

非常简单，但是又非常出效果的小礼帽，可以和各种娃衣搭配，搭配出不同风格。刚好之前答应过一个小伙伴做个小礼帽的教程，正好就在这里分享给更多娃友。

作者：dou 某人

所需材料与工具

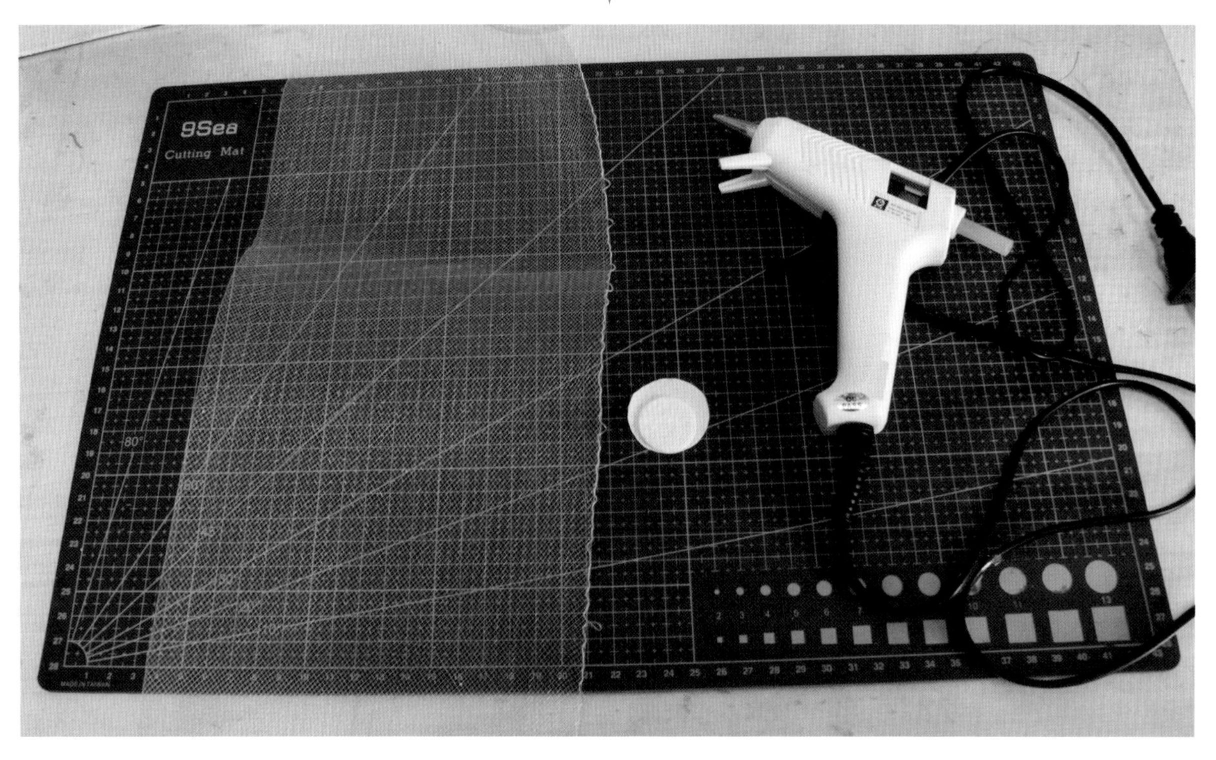

材料与工具　　网纱弹力网、不织布片、热熔胶枪、针线等。

制作步骤

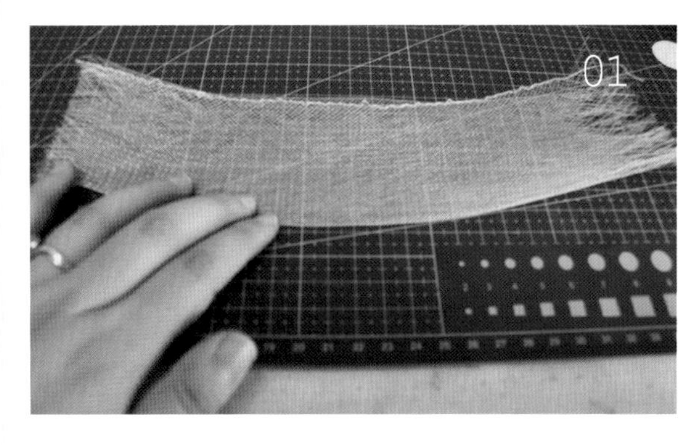

01 首先将网纱对折并熨烫。

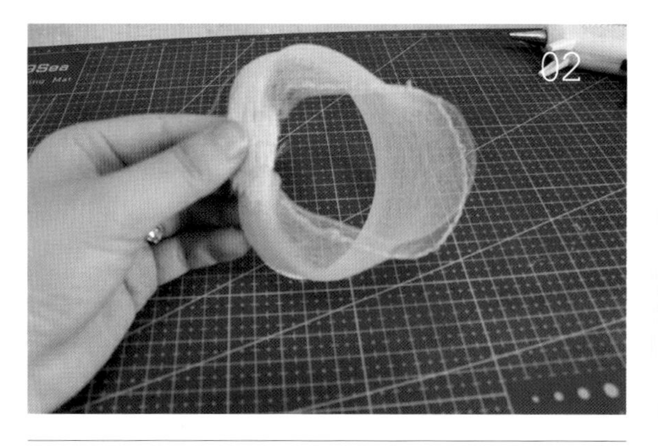

02 将对折后的两头对接，用针线缝在一起，最好使用缝纫机。

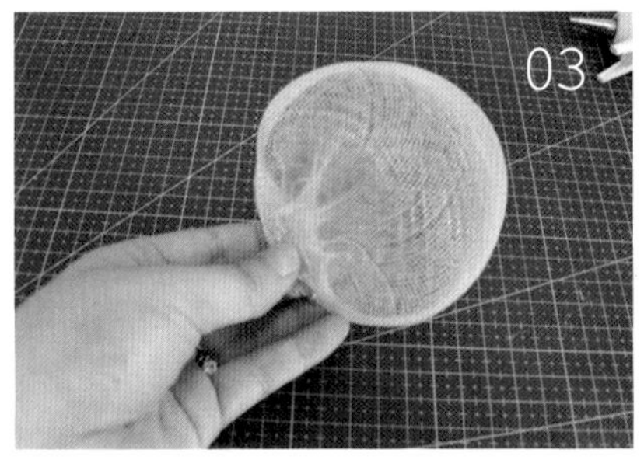

03 网纱是有伸缩性的，调整网纱。

04 从上到下把边缘，即没有对折熨烫的那一边，都固定到之前缝纫的地方。

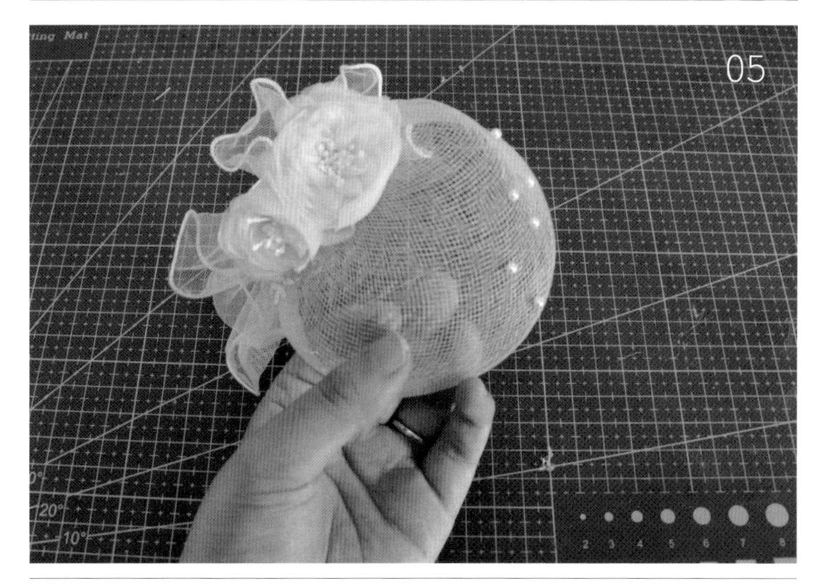

05 在网纱上缝上喜欢的装饰品，挡住缝纫的痕迹。

06 把不织布片用热熔胶枪黏贴在背面，挡住缝纫的痕迹。

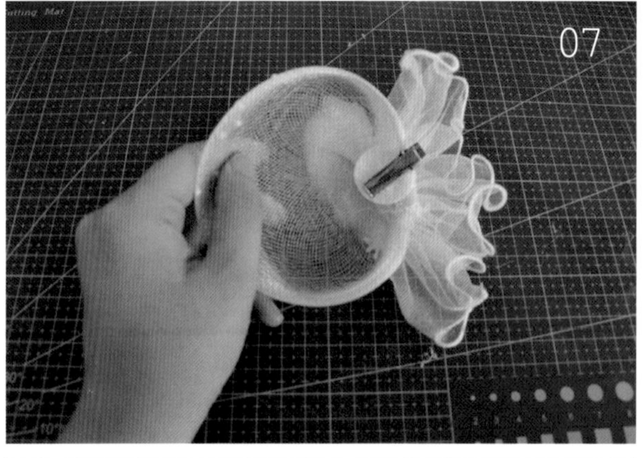

07 最后再用热熔胶枪把小夹子黏贴在不织布上，就大功告成了！

浪漫玫瑰花束

娃娃比真人小，为了让他们拿上大小适合的花束，最好手工制作。只有手工制作，花束的大小和颜色才比较好控制。

作者：悠悠

所需材料与工具

烫花器、布料、固体水彩、烫垫、剪刀、白乳胶、画笔、水杯、调色盘、旧报纸、棉花和细铁丝等。

上浆方法

做布花的布料没有特别的限制，比较薄的真丝、棉布、府绸等等都可以。在做布花之前先要把布料上浆。上浆的方法是用白乳胶和水，以 1 ：8 的比例调匀，把布料浸湿、浸透，然后拧干、晾晒并熨烫平整即可。如果对于上浆没有把握，也可以购买已经上好浆的布料来做。我这里用的就是已经上好浆的新府绸。在布料上画好大花瓣、小花瓣、叶片和花萼，注意在画这些形状的时候，要顺着布料的纹理，倾斜 45 度来绘制，这样做出来的花瓣和叶片不容易有毛边。

制作步骤

01 剪好的花瓣、叶片和花萼备用。这些形状不用完全一致，只要形状差不多就可以了，这样会显得更加自然一些。

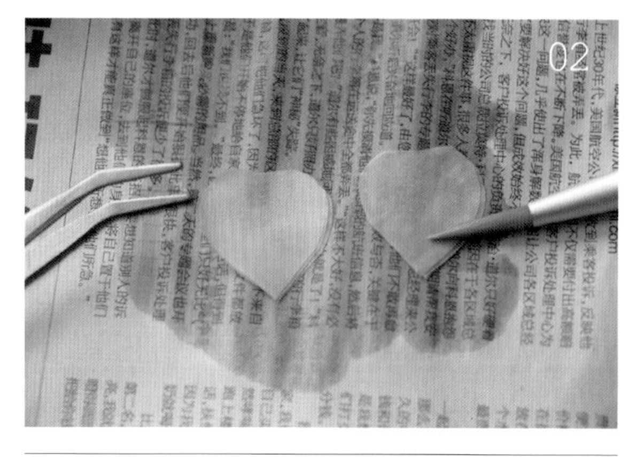

02 接下来给花瓣上色，布料薄的话可以几片叠在一起，同时上色。先把花瓣用水打湿，在它的底部染上浅黄色，并且晕染到上边。

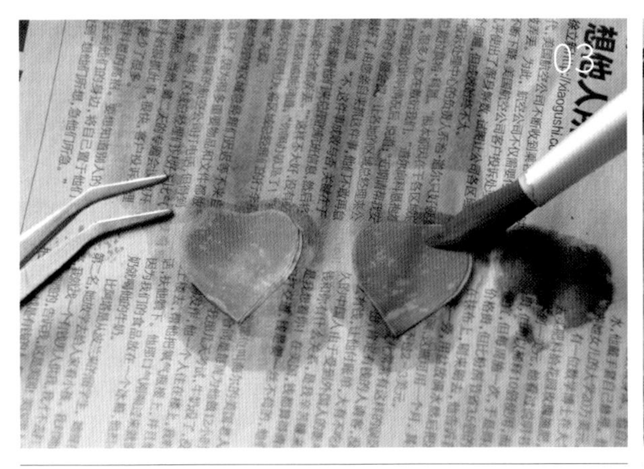

03 再在底部黄色的基础上加点绿色。用红色和橙色调匀，在花瓣的上半部分上色。关于给花瓣上什么颜色，其实没有固定标准，只要自己喜欢就好。

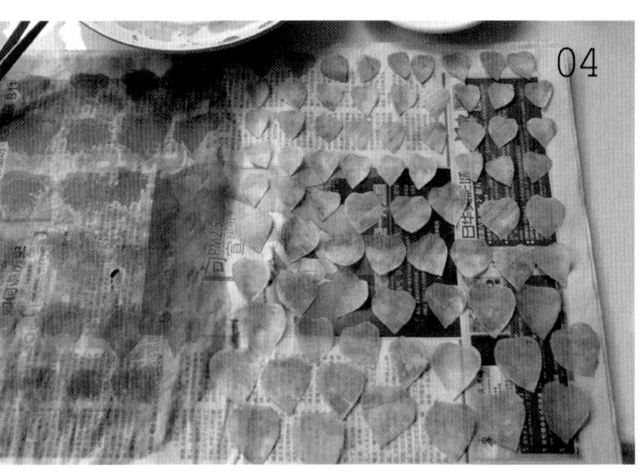

04 花瓣全部上色后，一片一片分开来，晾干。

05 给叶片和花萼上色前，把叶片和花萼用水打湿。

06 叶片的颜色用稍微深一些的绿色，边缘加一些黄色，以加强自然的感觉。

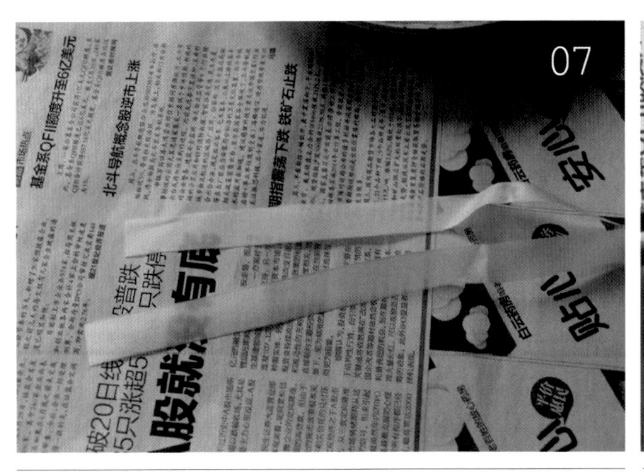

07 剪两条真丝的布条作为枝条的贴布。

08 给贴布染上颜色，这个颜色与叶片的颜色相同。

09 将全部上好颜色的大花瓣、小花瓣、叶片、花萼和贴布放在旁边，备用。

10 颜色都上好后，就开始烫花了。图中用的是直径 1.6cm 的圆镘。烫器的温度上来后，把圆镘烫头从花瓣的中间压下去，然后慢慢往下拉。注意，烫的时候在花瓣上蘸点水，效果会更好。

11 烫好的花瓣会有着漂亮的弧度。

12 把大花瓣反扣过来，用小号的瓣镘烫出反转的卷边。小花瓣就不需要烫卷边了，花萼也用小号的瓣镘烫，烫出凹形即可。

13 将烫好的花瓣和花萼放在旁边，备用。

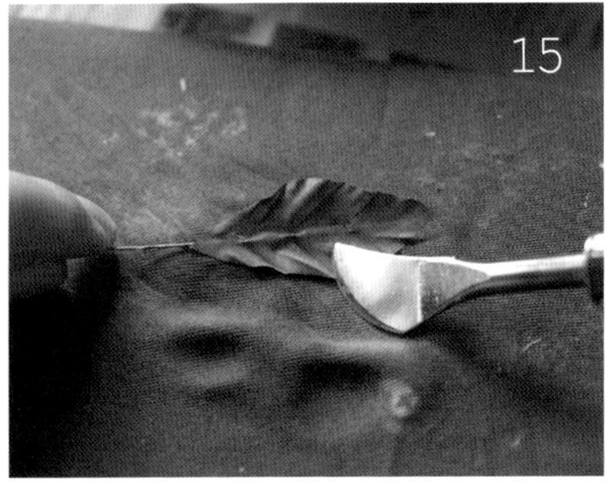

14 做叶子时要用到细铁丝，这里用的是 26 号的绿色铁丝，因为已经有颜色，就不用给铁丝上色了。如果买到的是白铁丝，就需要给铁丝上色，颜色和叶子的颜色相同。铁丝的前端涂上白乳胶，贴到叶片的背面。

15 用刀镘烫出叶子的脉络，正面和反面都要按压一下，尽量烫得自然一些。

16 烫好全部叶子后放在旁边，备用。

17 下面开始做花。取一段铁丝，在头上 1cm 左右处涂上白乳胶，缠上棉花，当作花蕊的填充物，尽量饱满一些。

18 取一片小花瓣，在内部的四周都涂上白乳胶。

19 将小花瓣贴到棉花蕊上，包紧。

20 用同样的方法贴第二片花瓣，在相反的方向包紧，不要露出棉花，形成一个小花苞。

21 在花苞的外面，贴上卷过边的花瓣。一片压一片地贴，要顺着一个统一的方向。

22 贴好花瓣后的花朵，第一层是三片，第二层是四片，第三层是五片，花的形状就出来了。

23 做花萼，把棉花缠到花朵的下方，用白乳胶固定，缠得饱满一些。

24 用烫好的花萼片包住棉花，用白乳胶固定，尽量缠紧，不要露出棉花来。

25 做枝叶，取三片叶子，高低错落地放在一起。用贴布把它们缠到一起，用白乳胶固定，尽量缠紧一些。

26 枝叶做好后，打开来，就是这样的。

27 花朵、花苞和枝叶都做好了，放在一起，备用。注意，花朵和花苞可以做成大小不一的尺寸，这样比较自然。

完工了！

最后把花朵、花苞和枝叶
全部都组合到一起，
用贴布缠紧，玫瑰花束就做好了。

CHAPTER 6

第六章

宜人宜家

欧式公主床

作者：从前有只曾碧虫

看起来高大上的娃用欧式床，不要 999，也不要 99，只需要大家在网上都能买到的相框就可以了，这个脑洞是不是真的真的非常大呢？感谢从前有只曾碧虫给我们带来的这个欧式娃床教程，但愿所有的娃都能安睡。

所需材料与工具

必备的原材料就是相框，网上的相框一般有两种，一种是树脂相框，质感类似石膏。优点是有质感厚重，但是切割、打磨困难，教程中使用的就是这种树脂相框。另一种是 ABS 相框，是塑料质感，切割非常容易，只需一把美工刀。缺点是这种相框的背面是空心的，需要自己加背板。切割这种材质相框，上手快。推荐新人用这种相框做床主体。

所需材料与工具

材料与工具

1. 欧式相框
2. 一块 7mm 厚的 PVC 板，PVC 材料十分容易切割，使用美工刀即可。
3. 3mm 厚的轻木板或者 PVC 板。
4. 美工刀
5. 电磨笔
6. 胶水
7. 微缩床腿或者串珠或者抽屉把手
8. 喷漆或丙烯颜料

制作步骤

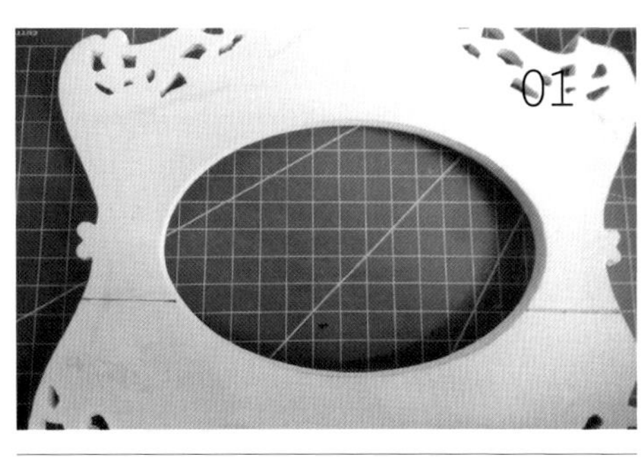

01 用美工刀去除相框背板，在背后画一条切割线。

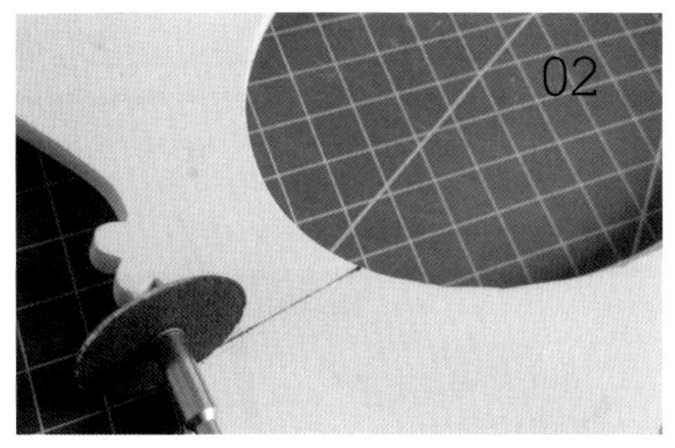

02 使用电磨笔切割，过程中粉尘到处飞，强烈推荐大家用 ABS 材质的相框。

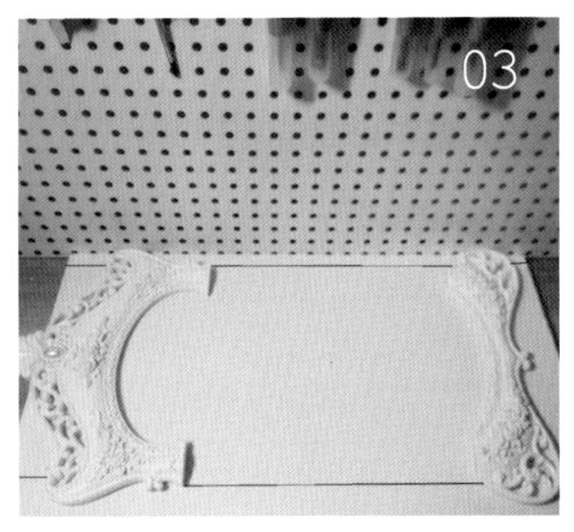

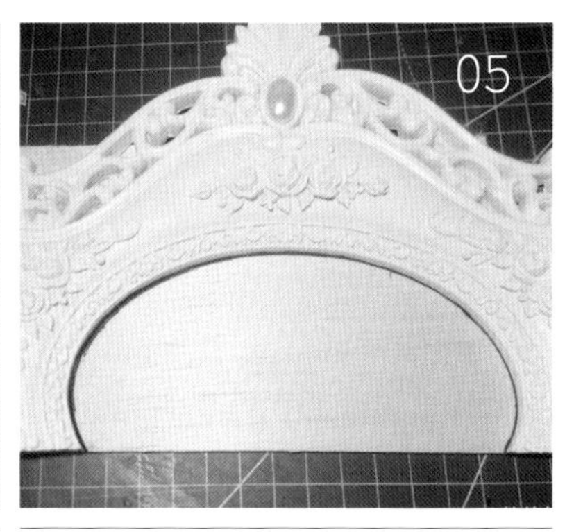

03 根据相框的宽画出床板的宽度，切割PVC板。

04 调整床板并打磨。

05 在木板上画出床头、床尾的背板，然后用胶水固定，有心思的朋友可以用皮革做软包。

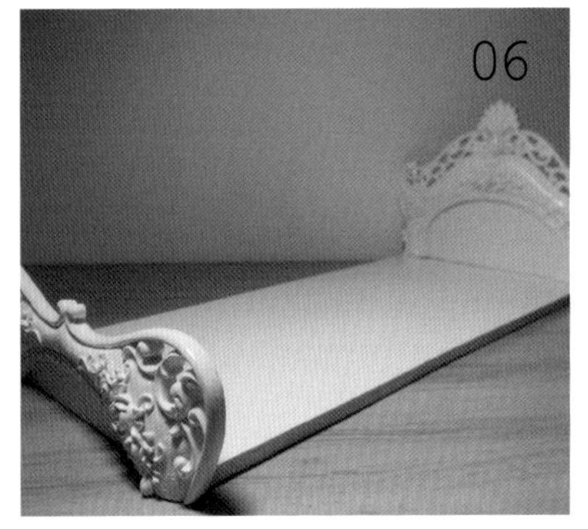

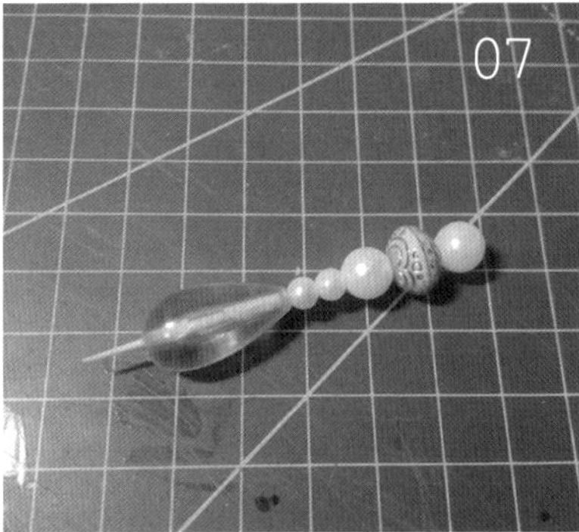

06 把床体固定之后，进行打磨、上漆。

07 没有买到床腿的可以使用一些串珠替代。用牙签穿珠，顺着牙签滴入胶水加以固定，统一上色即可。这里用了抽屉把手来做床腿。

08 用红铜色（褐色）和黑色丙烯混合，用画笔蘸取颜料。将笔上的颜料蹭到纸上。用干干的画笔刷床头、床尾的花纹，就能做出做旧的感觉。

09 最后把床体和床腿固定，铺上床上用品即可。

完工了！

四叶草小椅子

作者：艾利 公主菟

所需材料与工具

材料与工具

需要准备剪刀、手工纸、热熔胶枪、胶水、直径为 2.5mm 的棉线、铁丝、钳子和针等。进阶版本小椅子的制作需要准备，刻刀、天鹅绒布料、海绵和灰板纸等。

01 绘制结构图，总共分为三个部分，四叶草、椅面、椅子腿。

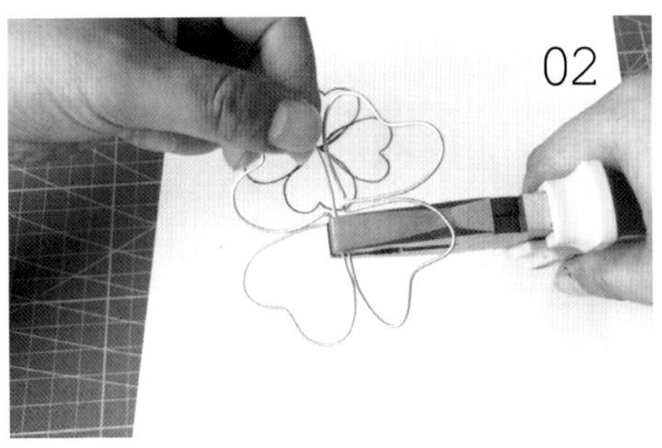

02 按照所绘图案，将铁丝塑形。

03 在铁丝部件的衔接处用细铁丝进行缠绕，用以加固。

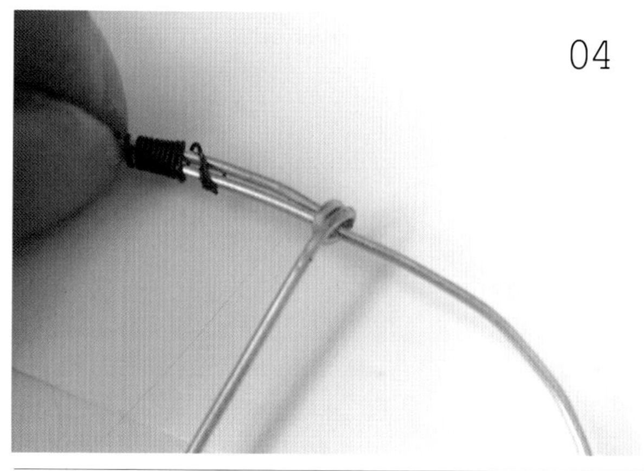

04 需要注意的是，尽量缠紧密些，不要留有过多空隙。

05 将所有配件定型完成，准备组装。

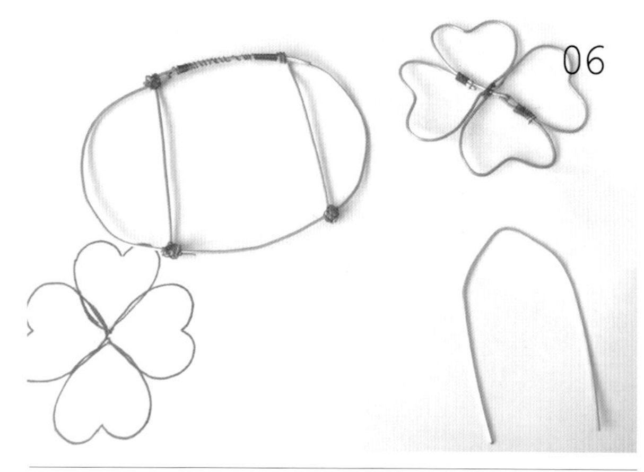

06 椅背高度可以靠调解铁丝长短来进行增减。

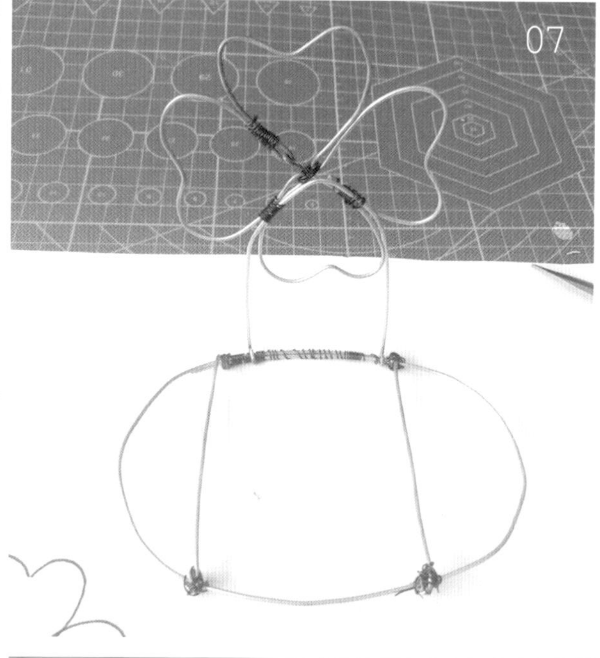

07 用细铁丝将四叶草和椅面部分进行衔接缠绕。

08 最后将四根椅子腿连接到椅子上。

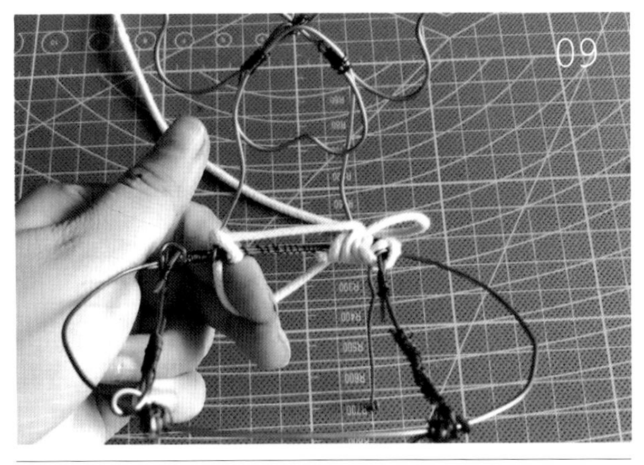

09 使用直径为 2.5mm 粗度的棉线对组装好的小椅子进行绕线修饰，可以用丝带替代。一方面是加固，另一方面是为了美观。

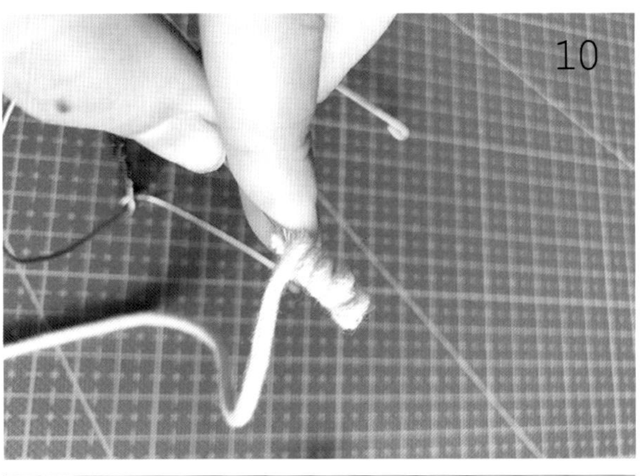

10 绕线的时候可以把线头绕进去，或者简单打结固定，再用剪刀剪掉多余线头。

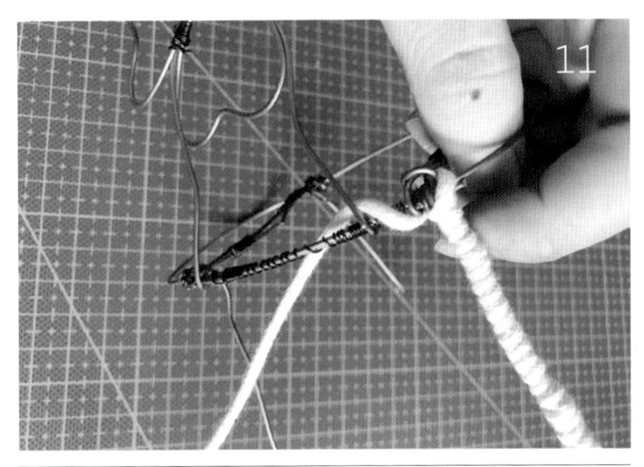

11 在给椅子腿部绕线时需要注意的是，尽量从下往上绕，这样可以把线头藏进椅面。

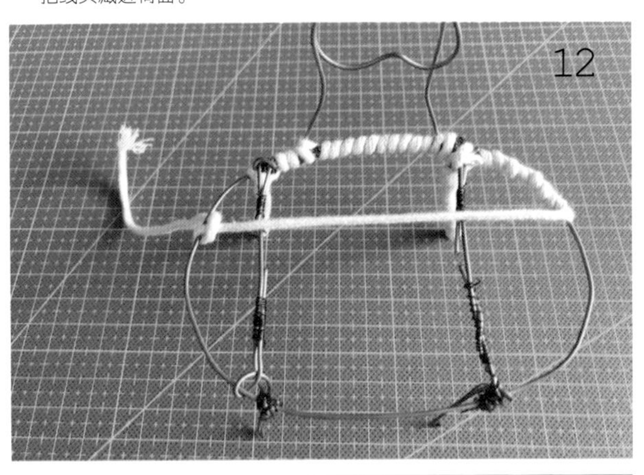

12 图中的结点部分可以绕过去，用细丝带打蝴蝶结，进行遮盖。

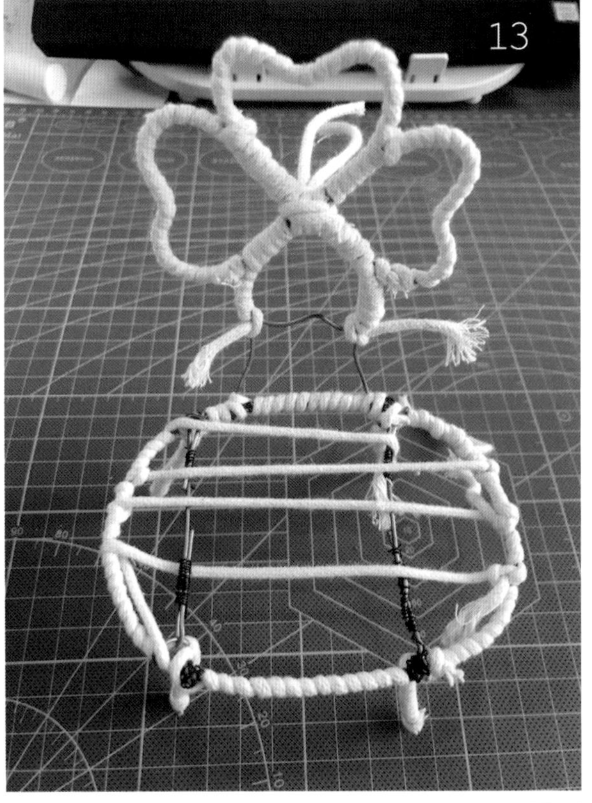

13 在绕线的过程中，可以对椅面进行加固。横竖都可以，随意拉几条线即可。

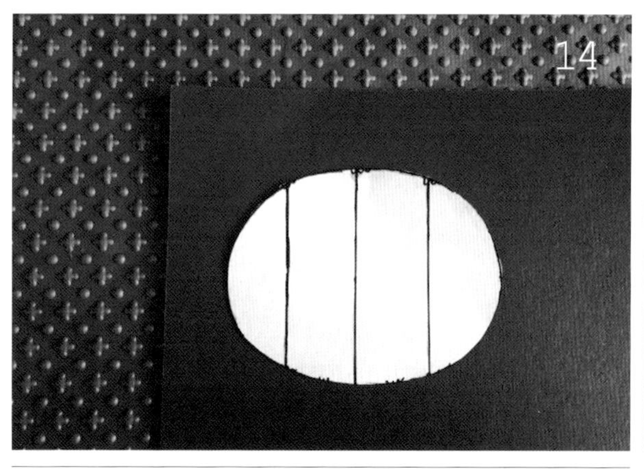

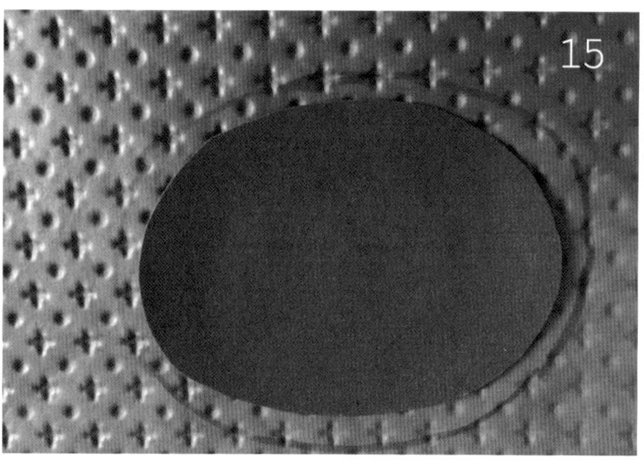

14 椅面的软包部分。将纸样裁好。一般分三个部分，椅面就用简单的手工纸即可，进阶版本可以选择天鹅绒；内衬选择硬纸壳或者灰板纸；底面可选择和椅面一样的材料。

15 椅面部分要比纸样稍微大些。

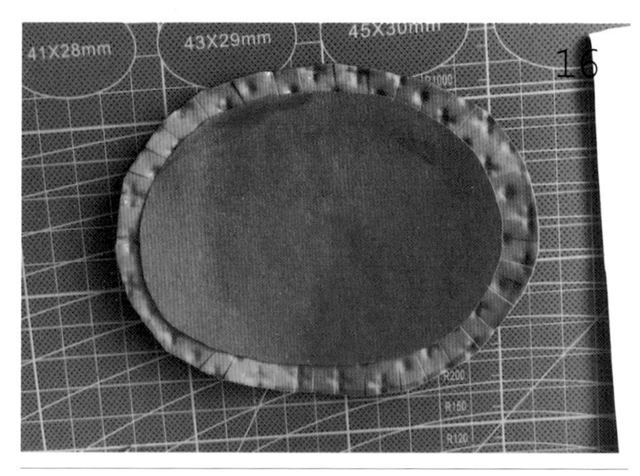

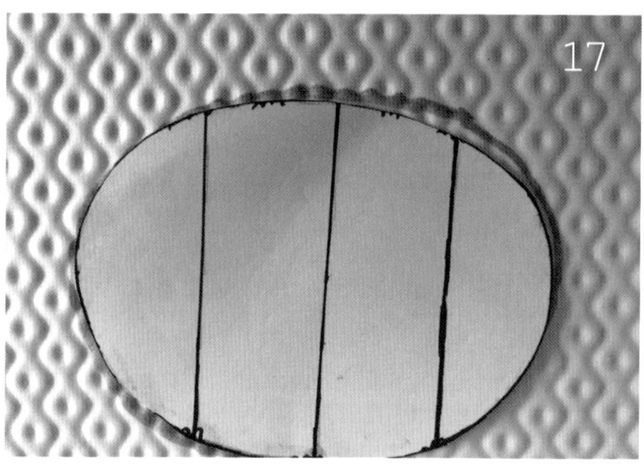

16 边缘部分如图剪好，方便黏合。

17 底面部分按照纸样大小剪裁。

18 如图，用热熔胶枪在椅面上画个十字。

19 将椅面和底部贴在一起。

20 进阶版本的原理和上面的图示一样。需要准备天鹅绒布、灰板纸和海绵。

21 简易版本的成品。